紫外辐照
技术及应用

Technology and Application of
Ultraviolet Irradiation

许春平
郑　凯
李宪亭
李天笑　著
李少平
王小明
司晓喜

中国轻工业出版社

图书在版编目（CIP）数据

紫外辐照技术及应用/许春平等著. ――北京：中国轻工业
出版社，2019.4
ISBN 978-7-5184-2197-8

Ⅰ.①紫… Ⅱ.①许… Ⅲ.①紫外辐射—外辐照—应
用—烟草工业—研究 Ⅳ.①TS4

中国版本图书馆CIP数据核字（2019）第013995号

责任编辑：张 靓 马 骁
策划编辑：张 靓 责任终审：滕炎福 封面设计：锋尚设计
版式设计：砚祥志远 责任校对：吴大鹏 责任监印：张 可

出版发行：中国轻工业出版社（北京东长安街6号，邮编：100740）
印 刷：北京君升印刷有限公司
经 销：各地新华书店
版 次：2019年4月第1版第1次印刷
开 本：720×1000 1/16 印张：10.5
字 数：210千字
书 号：ISBN 978-7-5184-2197-8 定价：56.00元
邮购电话：010-65241695
发行电话：010-85119835 传真：85113293
网 址：http://www.chlip.com.cn
Email：club@chlip.com.cn
如发现图书残缺请与我社邮购联系调换
180969K1X101ZBW

前言
PREFACE

　　当紫外线辐照有机化合物时，其中的 C—N 键、C—O 键、C—C 键会吸收紫外线的能量，然后断裂，使有机物逐渐降解。有机物降解后使烟叶中的某些致香物质发生改变，同时也会影响香液和片基涂布液中的香味物质。烟叶经过紫外辐照时，大分子化合物降解、转化，导致一些香气前体物质等小分子化合物的积累，烟叶的内在品质会得到提高。紫外辐照对烟叶中的常规化学成分也会产生影响，使糖类物质提高，烟碱降低，减小烟支刺激性，使烟制品有更令人愉悦的香气。因此，紫外辐照可以起到明显的加速醇化、增香减害、改变常规化学成分的作用，从而提升烟叶的品质。

　　本研究详细论述了不产臭氧紫外辐照、臭氧处理及产臭氧紫外辐照对各香型各部位烟叶内在质量的影响，也进一步阐释了紫外辐照对制丝生产线的烟丝、烟香液及片基涂布液的质量影响和应用价值，还分析了紫外辐照对卷烟的物理指标和有害成分的影响，为紫外辐照在烟草行业的应用奠定了理论依据，也为新工艺、新产品开发提供技术支撑。

　　本书的具体编写分工如下：前言和第一部分由河南中烟工业有限责任公司许昌卷烟厂郑凯和李宪亭完成；第二部分和第三部分由郑州轻工业学院许春平完成；第四部分由郑州轻工业学院李天笑完成；第五部分由河南中烟工业有限责任公司许昌卷烟厂李少平、王小明和云南中烟技术中心司晓喜完成。本书在创作过程中，得到了河南中烟工业有限责任公司许昌卷烟厂和食品生产与安全河南省协调创新中心的出版基金资助，对此表示诚挚的谢意。王充、俞金伟、姜宇、孟丹丹、曲利利、孙懿岩等研究生在资料收集和写作方面做了很多协助工作，在此表示感谢。

　　由于时间仓促和作者水平有限，疏漏和错误之处在所难免，敬请读者不吝指正。

著者

目录

CONTENTS

第 5 部分　　Part 5

紫外辐照对烟丝质量、有害成分和物理指标的影响

第1部分 Part 1
紫外辐照对中间香型烟叶内在质量的影响

紫外线的波长介于 $100 \sim 400nm$，太阳光及人造光源都能产生紫外线。其中波长 200nm 以上紫外线不产生氧自由基，波长 200nm 以下则产生氧自由基，生成的氧自由基与氧分子结合产生 O_3。紫外线和 O_3 具有强的氧化分解有机分子的能力，且两者同时使用可以达到相乘的作用。

当紫外线辐照有机化合物时，其中的 C—N 键、C—O 键、C—C 键会吸收紫外线的能量，然后断裂，同时强氧化性的羟基生成，使有机物逐渐降解。有机物降解后使烟叶中的某些致香物质发生改变，同时也会影响香液和片基涂布液中的香味物质。

烟草经过辐照可以加速醇化，并提升其吸食品质。烟叶的内在品质在很大程度上定位了烟叶的可用性及使用价值，决定烟叶内在品质的因素是烟叶的化学成分，含量和种类变化导致其吸食品质的不同。烟叶经过醇化发酵时，大分子化合物降解、转化，导致一些香气前体物质等小分子化合物的合成、积累，使其化学成分向有利于烟叶内在品质的方向变化，可用性更好、配方中的配比性提高。用紫外线加速烟叶发酵，可以缩短发酵周期 50%，同时降低了能源的消耗，提高了烟叶的质量。辐照处理能改善原烟的吸味，减少其青杂气，并增加其香气和浓度。用较高的剂量紫外照射烟梗，可以显著地提升它的水溶性总糖和多酚，提升它的品质，为提升其利用率提供一种新的工艺方法。

紫外辐照对烟叶中香味成分也有一定的影响。卷烟本身是一种嗜好品，它的价值在于能够给人以满足感，烟叶中的香味物质与卷烟的质量息息相关。烟叶中含有的酚酮、酚、酚酸、酚醛有着很强的挥发特性，在卷烟燃烧的过程中，这些物质会挥发、蒸发或者以其他的途径进入到烟气中，从而影响到卷烟的香气和香味。这些物质可能会使卷烟在抽吸过程中产生特殊的味道，从而降低烟支在抽吸时的协调性。用紫外辐照处理成熟期烤烟上部烟叶时，烟叶的多酚含量在一定程度上会有所上升，上升幅度与紫外辐照强度成正相关。

紫外辐照对烟叶中的常规化学成分也会产生影响。烟叶的主要化学成分包括水溶性总糖、还原糖、烟碱、总钾以及总氯等。烟叶中有许多种糖类，其中水溶性糖、淀粉和果胶质等对烟叶品质有着较大的影响。烟支燃烧时，糖类会生成酸性成分，然后与烟叶中的碱性成分发生反应，这种反应发生时会中和烟气之中的碱性成分，因而使烟支在燃烧时的酸碱度更靠近中性，减小烟支刺激性，使烟制品有更令人愉悦的香气。

因此，紫外辐照可以起到明显的加速醇化、增香减害、改变常规化学成分的作用，从而提升烟叶的品质。目前紫外辐照对烟叶、烟丝、烟香液的作用还缺乏系统深入的研究。此外，紫外辐照在卷烟生产过程中工艺和应用问题也急需解决。卷烟的生产工艺决定着卷烟的质量。在卷烟生产过程中添加紫外辐照或臭氧处理的工艺流程，也可以显著提升卷烟的品质。本书详细论述了紫外辐照对各型烟叶、制丝生产线的烟丝、烟香液、片基涂布液及卷烟的物理指标和有害成分的影响，为紫外辐照在烟草行业的应用奠定了理论依据，也为新工艺、新产品开发提供技术支撑。

第1部分主要研究紫外辐照对中间香型烟叶内在质量的影响。结果表明，不产臭氧紫外辐照对中间香型烟叶处理1.5~2.0h效果较好，臭氧处理对中间香型烟叶处理1.5~2.0h效果好，产臭氧紫外处理时间缩短，1.0~1.5h即可达到最优效果。不产臭氧紫外辐照对中间香型的中部叶（糖碱比为12.15，比空白组提升60.9%）比上部叶（糖碱比为5.06，比空白组提升10.5%）效果好。臭氧处理对中间香型的中部叶（糖碱比为10.55，比空白组提升39.7%）比上部叶（糖碱比为4.89，比空白组提升7.9%）效果好。产臭氧紫外辐照对中间香型的中部叶（糖碱比为12.38，比空白组提升64.0%）比上部叶（糖碱比为5.62，比空白组提升24.1%）和下部叶（糖碱比为9.12，比空白组提升49.5%）效果好。

1
不产臭氧紫外辐照对中间香型烟叶内在质量的影响

本章利用感官评定、常规化学成分分析、香味成分分析等方法，研究了不产臭氧紫外辐照对产自贵州毕节的中间香型上部叶和中部内在质量的影响。结果表明，不产臭氧紫外辐照对中间香型上部烟叶处理 2.0h 效果较好，对中间香型中部烟叶处理 1.5h 效果最佳。总体而言，以常规化学成分变化特别是糖碱比为主要指标，不产臭氧紫外辐照对中间香型的中部叶（糖碱比为 12.15，比空白组提升 60.9%）比上部叶（糖碱比为 5.06，比空白组提升 10.5%）效果好。

1.1　不产臭氧紫外辐照对贵州毕节上部叶内在质量的影响

1.1.1　材料与仪器

材料：2013 年贵州毕节上部烟叶。

试剂如表 1.1 所示，均为分析纯。

表 1.1　　　　　　　　　　　　试剂

试剂	厂家
二氯甲烷	天津市富宇精细化工有限公司
无水硫酸钠	天津市科密欧化学试剂有限公司
氯化钠	天津市永大化学试剂有限公司
标样化合物乙酸苯乙酯	北京百灵威科技有限公司

仪器如表 1.2 所示。

表 1.2　　　　　　　　　　　　仪器

仪器	厂家
AA3 型连续流动分析仪	德国 SEAL Analytical 公司

续表

仪器	厂家
Agilent 6890GC/5973MS 气质联用仪	美国安捷伦（Agilent）公司
PHILIPS TUV 紫外灯 20W，波长 254nm	雪莱特石英紫外灯，不产臭氧
SY-111 型切丝机	河南富邦实业有限公司
LSB-5110 型低温冷却循环泵	郑州凯鹏实验仪器有限责任公司
LHS-50CL 型恒温恒湿箱	上海一恒科学仪器有限公司

1.1.2　实验方法

1.1.2.1　样品处理

取适量上述样品，去除烟梗、杂物，平衡48h，平衡环境：温度（22±2）℃、相对湿度保持在60%。平衡后，取适量各类型的样品，用紫外（20W，波长254nm）辐照处理，紫外灯与样品保持30cm的距离，每片烟叶不重叠放置。处理时间分别为0h、0.5h、1.0h、1.5h、2.0h，然后将处理后的样品平衡24h。处理过程如图1.1所示。

图1.1　紫外辐照处理烟叶过程

1.1.2.2　感官评吸

将处理后的烟叶样品用切丝机切丝，平衡48h，平衡环境：温度保持在（22±2）℃、相对湿度保持在60%。分别按照每支烟总质量（0.80±0.01）g的标准卷制样品。由10名评委组成评吸小组，然后按照卷烟评析标准分别进行打分。感官质量评价标准如表1.3所示。

表1.3　　　　　　　　　感官质量评价标准

香气质			香气量			浓度			柔细度			余味		
好	中等	差	足	中等	少	浓	中等	淡	细腻	中等	较粗糙	纯净	中等	差
9~8	7~3	2~1	9~8	7~3	2~1	9~7	6~4	3~1	9~7	6~4	3~1	9~7	6~4	3~1
刺激性			燃烧性			灰色			杂气			劲头		
小	中等	大	好	中等	差	白灰	灰	黑灰	小	中等	大	大	中等	小
9~7	6~4	3~1	7	5	3	7	5	3	9~7	6~4	3~1			

1.1.2.3 连续流动法测定常规化学成分

采用国标法，每个样品做 3 次平行试验，并用 SPSS 进行显著性分析。常规化学成分测定指标及方法如表 1.4 所示。

表 1.4 常规化学成分测定指标及方法

测定指标	方法
水溶性糖（总糖、还原糖）	《YCT 159—2002 烟草及烟草制品水溶性糖的测定连续流动法》
烟碱	《YCT 160—2002 烟草及烟草制品总植物碱的测定连续流动法》

1.1.2.4 GC-MS 测定香味成分

（1）样品预处理　将处理后的样品粉碎成烟末，过 60 目筛，同时蒸馏萃取装置一端安装 1000mL 烧瓶，烧瓶内放入 30g 烟叶粉末样品、30g 氯化钠、300mL 蒸馏水，用电热套加热；另一端放一个小烧瓶，加入 50mL 的二氯甲烷，用 60℃水浴加热，冷却水循环冷凝。待出现分层时开始计时，蒸馏萃取时间为 2.5h，萃取完成后将小烧瓶取下冷却，加入适量无水 Na_2SO_4，1mL 内标乙酸苯乙酯，放在 4℃冰箱中过夜，第二天用 40℃水浴浓缩到 1mL，为 GC-MS 备用。

GC-MS 分析条件如表 1.5 所示。

（2）数据分析　通过 GC-MS 检测出总离子流图，利用图谱库（NIST 11）的标准质谱图对照，结合相关文献，人工查找并确定样品处理前后的香味成分，采用内标法（乙酸苯乙酯为内标）算出样品中各化学成分的含量。

表 1.5 GC-MS 分析条件

色谱条件			
载气	高纯氦气	流速	3mL/min
分流比	5∶1	进样口温度	280℃
色谱柱	HP-5MS（60m×0.25mm，i.d.×0.25μm d.f.）		
升温程序	起始温度 50℃保持 2min，以 8℃/min 升至 200℃，再以 2℃/min 升至 280℃保持 10min		
质谱条件			
四级杆温度	150℃	接口温度	270℃
离子化方式	EI	电子能量	70eV
离子源温度	230℃	质量扫描范围	35~550m/z

1.1.3 结果与讨论

1.1.3.1 不产臭氧紫外辐照对烟叶感官质量的影响

经不产臭氧紫外辐照的贵州毕节上部烟叶的感官评定结果如表 1.6 所示，结果显示：样品处理 2.0h 时烟叶的品质最佳。香气质显著升高，香气量稍微有所增加，烟气柔细度略微增加，劲头减小。

表 1.6　　不产臭氧紫外辐照处理后贵州毕节上部烟叶的感官质量评分

编号	香气质	香气量	浓度	柔细度	余味	杂气	刺激性	劲头	燃烧性	灰色
空白	6.02	6.52	7.01	5.52	6.52	7.02	6.55	大	6.00	6.00
UV0.5h	6.03	6.65	7.02	5.58	6.53	7.01	6.54	大	6.00	6.00
UV1.0h	6.01	6.63	7.03	5.54	6.59	7.03	6.55	大	6.00	6.00
UV1.5h	6.29	6.62	7.01	5.76	6.52	7.03	6.55	中	6.00	6.00
UV2.0h	6.64	6.61	7.02	5.91	6.56	7.02	6.56	中	6.00	6.00

1.1.3.2 不产臭氧紫外辐照处理对烟叶常规化学成分的影响

常规化学成分结果如表 1.7 所示，结果显示：样品经紫外辐照处理后，总糖含量依次升高，在 2.0h 时含量最高；烟碱含量无显著变化；还原糖含量经处理后都有所升高，在 1.5h 和 2.0h 最高；糖碱比在 2.0h 时最高。

表 1.7　　不产臭氧紫外辐照处理对贵州毕节上部烟叶常规化学成分的影响

编号	总糖含量/%	烟碱含量/%	还原糖含量/%	糖碱比
空白	14.57a	3.21a	11.57a	4.53a
UV0.5h	14.21a	3.20a	12.80b	4.44a
UV1.0h	15.10b	3.18a	12.96b	4.75a
UV1.5h	15.23b	3.15a	14.40c	4.83ab
UV2.0h	15.99c	3.16a	14.64c	5.06b

注：不同的小写字母表示差异显著。

1.1.3.3 不产臭氧紫外辐照处理对烟叶香味成分的影响

不产臭氧紫外辐照处理对样品香味成分的影响结果如表 1.8 所示。香味物质总体含量在 UV 处理 0.5h、1.0h、1.5h 时变化不明显，在 UV 处理 2.0h 时含量明显升高，香味物质含量（除新植二烯）比空白组香味物质含量提高 4.99%，新植二烯含量提高了 16.52%，总香味物质提升了 11.6%。

表1.8 贵州毕节上部烟叶不产臭氧 UV 处理前后香味成分的变化 单位：μg/g

中文名	空白	UV0.5h	UV1.0h	UV1.5h	UV2.0h
苯甲醛	1.66	1.54	1.59	1.58	1.75
苯乙醛	2.63	2.70	2.26	2.98	2.94
芳樟醇	0.74	1.20	0.96	1.04	1.29
苯乙醇	3.48	4.15	4.00	3.73	4.63
β-大马酮	3.98	3.33	3.12	3.04	3.96
二氢猕猴桃内酯	13.19	10.36	7.15	10.38	12.66
巨豆三烯酮	83.74	84.19	88.13	81.26	82.28
3-羟基-β-半大马酮	8.85	7.37	4.99	7.82	8.79
α-紫罗兰酮	4.20	4.84	2.06	3.99	3.48
正二十六烷	2.42	—	2.66	—	1.53
乙酸苯甲酯	0.89	0.93	0.95	1.08	1.26
α-二氢大马酮	0.99	1.09	1.01	1.64	1.95
香叶基丙酮	3.04	3.14	3.15	3.69	3.86
乙酰吡咯	0.33	0.56	0.57	0.60	0.66
1,2,3,4-四甲基萘	—	0.85	0.64	—	—
茄酮	20.56	20.45	20.12	20.11	20.15
6-甲基-5-庚烯-2-醇	0.83	0.82	0.81	0.75	0.77
十六酸乙酯	1.96	1.65	1.75	1.77	1.80
4-（3-羟基-1-丁基）-3,5,5-三甲基-2-环己烯-1-酮	—	—	1.27	1.58	1.53
糠醛	4.58	4.88	5	5.16	5.9
糠醇	9.26	9.87	9.99	10.56	14.11
β-二氢大马酮	2.41	2.52	2.50	2.48	2.49
二十烷	4.931	5.501	—	1.784	3.463
1,2,3,4-四氢-1,1,6-三甲基萘	1.932	3.55	2.025	2.562	—
5-甲基糠醛	5.14	5.56	5.45	5.92	5.74
6-甲基-5-庚烯-2-酮	1.60	1.70	1.62	1.67	1.63
苯甲醇	39.15	39.19	39.82	40.45	45.49
异戊酸	0.21	0.34	—	0.31	0.23
2-乙酰呋喃	0.52	0.65	0.63	0.63	0.68

续表

中文名	空白	UV0.5h	UV1.0h	UV1.5h	UV2.0h
苯乙酮	18.46	18.66	18.25	18.61	18.58
异佛尔酮	0.97	1.00	1.04	1.69	1.57
氧化异佛尔酮	0.56	0.50	0.46	0.48	0.41
1,2-甲基十四酸	0.66	0.75	0.48	0.44	0.65
2-乙酰基吡咯	0.42	0.42	0.44	0.23	0.25
2,3-二甲基吡嗪	0.10	0.12	0.14	0.15	0.11
新植二烯	329.58	354.67	330.61	369.63	384.03
总计（新植二烯除外）	244.39	244.38	235.04	240.16	256.59

注："—"表示未检出。

1.1.4 小结

本节利用感官评定、常规化学成分分析、香味成分分析等方法，研究了不产臭氧紫外辐照对产自贵州毕节的中间香型上部叶内在质量的影响。结果表明，经不产臭氧紫外处理 2.0h 时，烟叶的品质达到最佳：香气质明显提高，香气量略有上升，烟气柔细度略增强，劲头降低；总糖、还原糖含量升高，糖碱比增大；香味物质总量紫外处理 2.0h 达到最大，比空白组提升了 11.6%。

1.2 不产臭氧紫外辐照对贵州毕节中部叶内在质量的影响

本节利用感官评定、常规化学成分分析、香味成分分析等方法，研究了不产臭氧紫外辐照对产自贵州毕节的中间香型中部叶内在质量的影响。结果表明，与上部叶相比，经不产臭氧紫外处理 1.5h，烟叶的品质即可达到最佳：香气质明显提高，香气量稍有上升，烟气柔细度稍增强；总糖、还原糖的含量相对升高，烟碱显著降低，糖碱比增大，比空白组提升 60.9%；香味物质总量处理 1.5h 增加最多，比空白组增加 15.8%。

试剂与仪器和实验方法同 1.1.1 和 1.1.2。

1.2.1 结果与讨论

1.2.1.1 不产臭氧紫外辐照对烟叶感官质量的影响

经不产臭氧紫外辐照的贵州毕节中部烟叶的感官评定结果如表 1.9 所示，

结果显示：样品处理 1.5h 时，烟叶的品质最佳，此时香气质有所升高，香气量稍有增加，烟气柔细度略有增强，整体上，在处理时间为 1.5h 时卷烟吸食品质最佳。

表 1.9　　不产臭氧紫外辐照处理后贵州毕节中部烟叶感官质量评分

编号	香气质	香气量	浓度	柔细度	余味	杂气	刺激性	劲头	燃烧性	灰色
空白	7.16	6.74	6.78	5.67	6.67	7.35	7.06	中	6.50	6.50
UV0.5h	7.18	6.76	6.75	5.74	6.64	7.34	7.07	中	6.50	6.50
UV1.0h	7.35	6.72	6.79	5.83	6.69	7.34	7.05	中	6.50	6.50
UV1.5h	7.79	6.78	6.78	5.89	6.65	7.36	7.07	中	6.50	6.50
UV2.0h	7.58	6.74	6.76	5.77	6.66	7.35	7.05	中	6.50	6.50

1.2.1.2　不产臭氧紫外辐照处理对烟叶常规化学成分的影响

常规化学成分结果如表 1.10 所示，结果显示：样品经不产臭氧紫外辐照处理后，总糖含量都比空白组高，在 1.5h 时含量最高；烟碱含量在不产臭氧紫外辐照处理 1.5h 时显著降低，其他处理时间点无显著变化；还原糖含量处理组比空白组都高，且在时间为 1.5h 时最高；糖碱比在样品处理时间为 1.5h 时最大。

表 1.10　　不产臭氧紫外辐照处理对贵州毕节中部烟叶常规化学成分的影响

编号	总糖含量/%	烟碱含量/%	还原糖含量/%	糖碱比
空白	16.23a	2.15a	14.87a	7.55a
UV0.5h	17.97b	2.20a	15.98b	8.17b
UV1.0h	19.18c	2.17a	17.63c	8.84c
UV1.5h	22.59d	1.86b	20.02d	12.15d
UV2.0h	21.01e	2.16a	18.85e	9.73e

注：不同的小写字母表示差异显著。

1.2.1.3　不产臭氧紫外辐照处理对烟叶香味成分的影响

不产臭氧紫外辐照处理对样品香味成分的影响结果如表 1.11 所示，香味物质总体含量在 UV 处理 0.5h、1.0h 时变化不大，在 UV 处理 1.5h 时含量明显升高，在 UV 处理 2.0h 时含量降低，UV 处理 1.5h 时香味物质含量（除新植二烯）比空白组香味物质含量提高 18.39%，新植二烯含量提高 14.26%。

表 1.11　　　　　贵州毕节中部烟叶不产臭氧 UV 处理前后

香味成分的变化　　　　　　　单位：μg/g

中文名	空白	UV0.5h	UV1.0h	UV1.5h	UV2.0h
螺岩兰草酮	0.88	0.72	0.89	0.95	0.70
巨豆三烯酮	37.08	33.59	40.20	42.34	33.16
大马士酮	16.83	16.08	18.36	18.66	14.05
3-羟基-β-二氢大马酮	2.59	2.53	3.42	3.92	1.40
2,3,6-三甲基萘-1,4-二酮	0.48	0.42	0.61	0.74	0.48
甲基庚烯酮	0.38	0.36	0.40	0.49	——
香叶基丙酮	3.12	2.79		3.95	3.21
β-紫罗酮	1.02	1.22	1.37	1.63	1.32
4-（3-羟基-1-丁基）-3,5,5-三甲基-2-环己烯-1-酮	——	0.90	1.27	1.58	
6,10-二甲基-5,9-十一烷二烯-2-酮	——	——	3.21	——	——
反式八氢基-4a,7,7-三甲基-2（1H）-萘酮	0.76	——	——	1.41	
α-异甲基紫罗兰酮	1.40				
1,2,3,4-四氢-1,1,6-三甲基萘	1.93	3.55	2.03	2.56	0.98
5,6,7,8-四甲基-1,2,3,4-四氢化萘	1.03	1.04	1.25	1.31	
1,2,3,4-四甲基萘	——	0.67	0.86	——	——
1,2,3,4-四氢-1,6,8-三甲基-萘	——	0.68	1.62	——	——
二十烷	4.93	5.50	0.98	1.78	3.46
1,3,3-三甲基双环［2.2.1］庚烷	——	3.88	——	2.81	
正二十一烷	——	——	1.15	——	
正二十六烷	——	——	3.53	——	0.53
（E,E）-7,11,15 四甲基-3-亚甲基-十六碳-1,6,10,14-四烯	9.34	9.95	——	10.67	——
1,7,7-三甲基［2.2.1.0（2,6）］庚烯	19.13	16.51	18.66	20.86	17.90
苄醇	7.52	5.32	4.92	7.54	2.02
苯乙醇	2.27	2.07	2.11	2.91	1.01

续表

中文名	空白	UV0.5h	UV1.0h	UV1.5h	UV2.0h
（+）-雪松醇	1.03	0.87	0.81	0.92	0.92
黑松醇	3.53	4.05	—	4.26	2.35
叶绿醇	6.03	—	—	6.45	3.53
1,5,9-三甲基-12-（1-甲基乙基）-4,8,13-环十四碳烯-1,3-二醇	7.87	—	12.56	18.20	5.06
苯乙醛	4.19	4.88	5.25	4.52	3.11
棕榈酸甲酯	22.83	24.21	29.09	25.61	19.89
亚油酸甲酯	7.66	9.67	13.20	9.09	5.29
亚麻酸甲酯	20.80	25.58	27.38	23.58	15.12
硬酯酸甲酯	3.91	6.26	8.52	5.90	2.94
二氢猕猴桃内酯	7.24	6.36	7.77	9.22	5.39
二十烷酸甲酯	0.18	0.76	0.56	0.39	0.12
十七酸甲酯	2.65	—	—	5.47	2.60
2-甲氧基-4-乙烯苯酚	3.01	4.69	5.71	5.49	2.07
肉豆蔻酸	—	0.57	—	—	—
（E）-1-（2,3,6-三甲基苯基）丁-1,3-二烯（四苯硼酸盐，1）	8.28	8.00	11.99	5.76	4.21
甲酯-15-甲基-十六烷酸	—	—	—	3.26	—
2-乙酰基吡咯	1.83	1.53	1.76	1.91	—
1,2-苯并异噻唑，3-（六氢-1H-氮杂-1-基）-，1,1-二氧化物	5.04	12.84	5.36	—	—
3-（4,8,12三甲基十四烷基）-呋喃	2.86	—	2.99	2.65	1.94
3-乙烯基吡啶	—	—	—	1.25	1.17
新植二烯	358.90	369.61	412.36	410.08	399.65
总计（不含新植二烯）	219.61	218.00	239.79	260.00	155.96

注："—"表示未检出。

1.2.2　小结

本节研究了不产臭氧紫外辐照对贵州毕节中部叶内在质量的影响，主要采用感官评定、常规化学成分分析、香味成分分析等方法。结果表明，经不产臭氧 UV 处理 1.5h 时，烟叶的品质最佳：香气质明显提高，香气量稍有上升，烟气柔细度稍增强；总糖、还原糖的含量相对升高，烟碱显著降低，糖碱比增大，比空白组提升 60.9%；香味物质总量紫外处理 1.5h 增加最多，比空白组增加 15.8%。

2

臭氧处理对中间香型烟叶内在质量的影响

本章利用感官评定、常规化学成分分析、香味成分分析等方法，研究了臭氧处理对产自贵州毕节的中间香型上部叶和中部叶内在质量的影响。结果表明，经臭氧处理 1.5h 时，上部烟叶的品质达到最佳，处理 2.0h 时，中部叶质量最佳。整体来说，臭氧处理对中间香型中部叶作用效果更好，糖碱比增大为 10.55，比空白组提升 39.7%，香味物质增加了 21.8%。

2.1　臭氧处理对贵州毕节上部叶内在质量的影响

本节研究了臭氧处理对贵州毕节上部叶内在质量的影响，主要采用感官评定、常规化学成分分析、香味成分分析等方法。结果表明，经臭氧处理 1.5h 时烟叶的品质最佳：香气质显著增加，香气量略微增加，烟气柔细度略微升高，劲头下降；总糖、还原糖含量有所升高，糖碱比增大，比空白组提升 7.9%；香味物质总量在 O_3 处理 1.5h 含量明显升高，比空白组提升 11.1%。

2.1.1　材料与仪器

材料：2013 年贵州毕节上部烟叶。

试剂如表 2.1 所示，均为分析纯。

表 2.1　　　　　　　　　　　　　　试剂

试剂	厂家
二氯甲烷	天津市富宇精细化工有限公司
无水硫酸钠	天津市科密欧化学试剂有限公司
氯化钠	天津市永大化学试剂有限公司
标样化合物乙酸苯乙酯	北京百灵威科技有限公司

仪器如表 2.2 所示。

表 2.2 仪器

仪器	公司
AA3 型连续流动分析仪	德国 SEAL Analytical 公司
Agilent 6890GC/5973MS 气质联用仪	美国安捷伦（Agilent）公司
WH-臭氧发生器	南京沃环科技实业有限公司
QL-10 型无油空气泵	山东赛克斯氢能源有限公司
EUV-03 紫外臭氧检测仪	金坛亿通电子有限公司
SY-111 型切丝机	河南富邦实业有限公司
LHS-50CL 型恒温恒湿箱	上海一恒科学仪器有限公司

2.1.2 实验方法

2.1.2.1 样品处理

上述样品取适量，平衡 48h，平衡环境：温度保持在（22±2）℃、相对湿度保持在 60%。平衡后，取适量每种类型的样品，进行 O_3（臭氧发生器的进气量为 2L/min，电流调节为 0.300A）处理，处理时间分别为 0h、0.5h、1h、1.5h、2h，然后将处理后的样品平衡 24h。如图 2.1 所示。

臭氧出口

放置样品

臭氧进口
连接臭氧发生器

图 2.1 臭氧处理烟叶过程

2.1.2.2 感官评吸

感官评吸方法同 1.1.2.2。

2.1.2.3 连续流动法测定常规化学成分

常规化学成分检测方法同 1.1.2.3。

2.1.2.4 GC-MS 测定香味成分

香味成分检测方法同 1.1.2.4。

2.1.3 结果与讨论

2.1.3.1 臭氧对烟叶感官质量的影响

经臭氧处理的烟叶感官评定结果如表 2.3 所示。处理 1.5h 时，烟叶的品质最佳。香气质显著增加，香气量略微有所上升，烟气柔细度略增强，劲头降低。

表 2.3　　　　　　　臭氧处理后贵州毕节上部烟叶感官质量评分

编号	香气质	香气量	浓度	柔细度	余味	杂气	刺激性	劲头	燃烧性	灰色
空白	6.02	6.52	7.01	5.52	6.52	7.02	6.55	大	6.00	6.00
O_3 0.5h	6.05	6.54	7.01	5.57	6.57	7.02	6.56	大	6.00	6.00
O_3 1.0h	6.45	6.53	7.03	5.73	6.54	7.03	6.57	中	6.00	6.00
O_3 1.5h	6.64	6.57	7.02	5.87	6.59	7.02	6.55	中	6.00	6.00
O_3 2.0h	6.34	6.56	7.03	5.69	6.55	7.02	6.57	中	6.00	6.00

2.1.3.2　臭氧处理对烟叶常规化学成分的影响

常规化学成分结果如表 2.4 所示。总糖含量在处理时间为 0.5h 时无显著变化，其他时间点都显著升高，且在 1.5h 和 2.0h 时最大；烟碱含量无显著变化；还原糖含量在处理时间为 1.0h 时无显著变化，其他时间点处理后含量显著升高，且 2.0h 时最大。

表 2.4　　　　　臭氧处理对贵州毕节上部烟叶常规化学成分的影响

编号	总糖含量/%	烟碱含量/%	还原糖含量/%	糖碱比
空白	14.57a	3.21a	11.57a	4.53a
O_3 0.5h	14.44a	3.24a	12.87b	4.46a
O_3 1.0h	15.61b	3.20a	11.42a	4.88b
O_3 1.5h	15.31bc	3.13a	12.57b	4.89b
O_3 2.0h	15.03c	3.14a	13.41c	4.88b

注：不同的小写字母表示差异显著。

2.1.3.3　臭氧处理对烟叶香味成分的影响

O_3 处理对样品烟叶香味成分的影响结果如表 2.5 所示。香味成分总体含量在 O_3 处理 0.5h、1.0h 时变化不大，在 O_3 处理 1.5h、2.0h 时含量明显升高，且在 1.5h 时含量最高，此时香味成分含量（除新植二烯）比空白组含量提高 12.96%，新植二烯含量提高 9.71%，总香味物质提高 11.1%。

表 2.5　　　贵州毕节上部烟叶臭氧处理前后香味成分的变化　　　　单位：μg/g

名称	空白	O_3 0.5h	O_3 1.0h	O_3 1.5h	O_3 2.0h
苯甲醛	1.66	1.69	1.64	1.80	1.81
苯乙醛	2.63	2.99	3.58	5.59	5.18
芳樟醇	0.74	1.26	1.49	2.48	2.59

续表

名称	空白	O₃0.5h	O₃1.0h	O₃1.5h	O₃2.0h
苯乙醇	3.48	3.30	3.32	3.50	3.59
β-大马酮	3.98	3.87	3.58	3.49	3.50
二氢猕猴桃内酯	13.19	13.59	13.87	13.45	13.19
巨豆三烯酮	83.74	83.97	82.49	90.12	87.78
3-羟基-β-半大马酮	8.85	8.98	8.99	9.08	9.41
β-紫罗兰酮	4.20	4.02	3.98	4.00	3.98
正二十六烷	2.42	—	—	1.94	2.45
乙酸苯甲酯	0.89	0.89	0.98	1.00	0.87
α-二氢大马酮	0.99	0.96	1.15	1.28	1.29
香叶基丙酮	3.04	4.00	4.48	4.98	4.67
乙酰吡咯	0.33	0.49	0.50	0.75	0.80
1,2,3,4-四甲基萘	—	—	0.53	0.64	—
茄酮	20.56	20.48	20.89	21.99	20.62
6-甲基-5-庚烯-2-醇	0.83	0.28	0.13	—	—
十六酸乙酯	1.96	1.98	2.04	2.06	2.87
4-（3-羟基-1-丁基）-3,5,5-三甲基-2-环己烯-1-酮	—	—	1.27	—	1.42
糠醛	4.58	5.00	6.25	6.18	6.05
糠醇	9.26	10.78	11.48	12.76	10.89
β-二氢大马酮	2.41	2.40	2.68	2.10	2.59
二十烷	4.93	4.95	4.29	3.09	2.94
1,2,3,4-四氢-1,1,6-三甲基萘	1.93	—	—	1.39	2.13
5-甲基糠醛	5.14	5.90	6.78	8.76	9.48
6-甲基-5-庚烯-2-酮	1.60	1.84	1.70	1.68	1.80
异戊酸	0.21	0.22	0.13	0.42	0.23
2-乙酰呋喃	0.52	0.51	0.55	0.60	0.53
苯甲醇	39.15	40.52	45.12	48.78	43.56
苯乙酮	18.46	18.77	17.15	18.76	17.99
异佛尔酮	0.97	0.99	1.08	1.69	1.96
氧化异佛尔酮	0.56	0.67	0.56	0.58	0.56
1,2-甲基十四酸	0.66	0.63	0.77	0.69	0.74

续表

名称	空白	O₃0.5h	O₃1.0h	O₃1.5h	O₃2.0h
2-乙酰基吡咯	0.42	0.53	0.24	0.29	0.30
2,3-二甲基吡嗪	0.10	0.13	0.21	0.14	0.13
新植二烯	329.58	340.56	338.45	361.57	356.15
总计（新植二烯除外）	244.39	246.59	253.90	276.06	267.90

注："—"表示未检出。

2.1.4   小结

本节研究了臭氧处理对贵州毕节上部叶内在质量的影响，主要采用感官评定、常规化学成分分析、香味成分分析等方法。结果表明，经臭氧处理 1.5h 时烟叶的品质最佳：香气质显著增加，香气量略微增加，烟气柔细度略微升高，劲头下降；总糖、还原糖含量有所升高，糖碱比增大，比空白组提高 7.9%；香味物质总量在 O_3 处理 1.5h 时含量明显升高，比空白组提高 11.1%。

2.2   臭氧处理对贵州毕节中部叶内在质量的影响

本节利用感官评定、常规化学成分分析、香味成分分析等方法，研究了臭氧处理对产自贵州毕节的中间香型中部叶内在质量的影响。结果表明，臭氧处理 2.0h，烟叶的品质达到最佳：香气质显著增加，香气量稍有增加，烟气柔细度稍升高；总糖、还原糖含量升高，糖碱比增大，比空白组提高 39.7%；香气成分在 O_3 处理 2.0h 时含量明显升高，比空白组提高 21.8%。

试剂与仪器和实验方法与 2.1.1 和 2.1.2 相同。

2.2.1   结果与讨论

2.2.1.1   臭氧对烟叶感官质量的影响

经臭氧处理的烟叶的感官评定结果如表 2.6 所示。臭氧处理 2.0h 时，烟叶的品质最佳。香气质显著增加，香气量略微有所上升，烟气柔细度略增强。

表 2.6   臭氧处理后贵州毕节中部烟叶感官质量评分

编号	香气质	香气量	浓度	柔细度	余味	杂气	刺激性	劲头	燃烧性	灰色
空白	7.16	6.74	6.78	5.67	6.67	7.35	7.06	中	6.50	6.50
O₃0.5h	7.17	6.75	6.77	5.76	6.64	7.34	7.07	中	6.50	6.50

续表

编号	香气质	香气量	浓度	柔细度	余味	杂气	刺激性	劲头	燃烧性	灰色
$O_3 1.0h$	7.26	6.78	6.75	5.77	6.69	7.36	7.05	中	6.50	6.50
$O_3 1.5h$	7.39	6.80	6.78	5.80	6.66	7.36	7.05	中	6.50	6.50
$O_3 2.0h$	7.45	6.84	6.79	5.89	6.65	7.35	7.07	中	6.50	6.50

2.2.1.2 臭氧处理对烟叶常规化学成分的影响

常规化学成分结果如表 2.7 所示。处理组比空白组总糖、还原糖含量都高，且都在处理时间为 2.0h 时含量最高；烟碱含量无显著变化。

表 2.7　　　　　　臭氧处理对贵州毕节中部烟叶常规化学成分的影响

编号	总糖含量/%	烟碱含量/%	还原糖含量/%	糖碱比
空白	16.23a	2.15a	14.87a	7.55a
$O_3 0.5h$	18.01b	2.19a	15.96b	8.22b
$O_3 1.0h$	19.46c	2.13a	17.89c	9.14c
$O_3 1.5h$	21.37d	2.16a	19.95d	9.89d
$O_3 2.0h$	22.57e	2.14a	20.97e	10.55e

注：不同的小写字母表示差异显著。

2.2.1.3 臭氧处理对烟叶香味成分的影响

O_3 处理对样品烟叶香味成分的影响结果如表 2.8 所示。香味成分总体含量在 O_3 处理 0.5h、1.0h 时变化不大，在 O_3 处理 1.5h、2.0h 时含量明显升高，且在 2.0h 时含量最高，此时香味成分含量（除新植二烯）比空白组含量提高 25.58%，新植二烯含量提高 19.49%，总香味物质提高 21.8%。

表 2.8　　　　　贵州毕节中部烟叶臭氧处理前后香味成分的变化　　　　单位：μg/g

名称	空白	$O_3 0.5h$	$O_3 1.0h$	$O_3 1.5h$	$O_3 2.0h$
螺岩兰草酮	0.88	0.42	0.47	0.86	0.95
巨豆三烯酮	37.08	34.62	36.58	37.34	42.56
大马士酮	16.83	16.23	17.34	16.25	18.64
3-羟基-β-二氢大马酮	2.59	2.39	3.24	3.75	2.59
2,3,6-三甲基萘-1,4-二酮	0.48	0.53	0.51	0.63	0.84
甲基庚烯酮	0.38	0.31	0.35	0.50	—

续表

名称	空白	O₃0.5h	O₃1.0h	O₃1.5h	O₃2.0h
香叶基丙酮	3.12	3.23	2.42	3.95	3.22
β-紫罗酮	1.02	1.22	1.37	1.63	1.32
4-(3-羟基-1-丁基)-3,5,5-三甲基-2-环己烯-1-酮	—	0.90	1.27	1.58	2.09
6,10-二甲基-5,9-十一烷二烯-2-酮	—	2.87	—	—	—
反式八氢基-4a,7,7-三甲基-2(1H)-萘酮	0.76	0.56	—	1.41	0.62
α-异甲基紫罗兰酮	1.40	—	1.20	1.10	3.42
1,2,3,4-四氢-1,1,6-三甲基萘	1.93	3.12	2.31	3.42	4.77
5,6,7,8-四甲基-1,2,3,4-四氢化萘	1.03	1.43	1.13	2.87	5.82
1,2,3,4-四甲基萘	—	0.62	0.78	—	—
1,2,3,4-四氢-1,6,8-三甲基-萘	—	0.32	—	—	—
二十烷	4.93	5.23	4.24	3.43	7.45
1,3,3-三甲基双环[2.2.1]庚烷	—	2.13	2.53	2.45	—
正二十一烷	—	0.86	0.59	0.53	0.64
正二十六烷	—	0.64	0.43	0.54	0.58
(E,E)-7,11,15 四甲基-3-亚甲基-十六碳-1,6,10,14-四烯	9.34	9.54	8.54	10.35	12.56
1,7,7-三甲基[2.2.1.0(2,6)]庚烯	19.13	15.35	16.34	19.48	20.86
苄醇	7.52	5.63	3.53	7.98	8.48
苯乙醇	2.27	2.35	2.11	3.24	3.52
(+)-雪松醇	1.03	0.43	0.93	0.52	0.56
黑松醇	3.53	4.20	3.52	5.34	3.49
叶绿醇	6.03	3.53	4.24	5.34	4.32
1,5,9-三甲基-12-(1-甲基乙基)-4,8,13-环十四碳烯-1,3-二醇	7.87	7.32	8.56	9.56	15.34
苯乙醛	4.19	3.55	6.35	7.56	7.35
棕榈酸甲酯	22.83	24.63	21.53	22.54	26.45

续表

名称	空白	O$_3$0.5h	O$_3$1.0h	O$_3$1.5h	O$_3$2.0h
亚油酸甲酯	7.66	11.34	14.64	13.45	12.96
亚麻酸甲酯	20.80	22.85	23.69	25.35	29.45
硬酯酸甲酯	3.91	6.44	2.54	4.35	3.69
二氢猕猴桃内酯	7.24	6.36	7.77	9.22	5.39
二十烷酸甲酯	0.18	0.45	0.85	0.35	0.25
十七酸甲酯	2.65	1.93	—	—	—
2-甲氧基-4-乙烯苯酚	3.01	3.95	5.34	5.76	4.35
肉豆蔻酸	—	0.57	0.55	0.53	0.24
(E)-1-(2,3,6-三甲基苯基)丁-1,3-二烯（四苯硼酸盐，1）	8.28	8.11	9.34	9.52	10.49
甲酯-15-甲基-十六烷酸	—	—	0.29	0.39	—
2-乙酰基吡咯	1.83	1.49	1.58	1.94	2.09
1,2-苯并异噻唑，3-(六氢-1H-氮杂-1-基)-1,1-二氧化物	5.04	3.59	5.35	4.96	5.35
3-(4,8,12三甲基十四烷基)-呋喃	2.86	1.85	2.42	2.64	1.68
3-乙烯基吡啶	—	—	0.58	1.03	1.42
新植二烯	358.90	357.39	379.48	401.49	428.85
总计（不含新植二烯）	219.61	223.09	227.35	253.64	275.79

注："—"表示未检出。

2.2.2 小结

本节利用感官评定、常规化学成分分析、香味成分分析等方法，研究了臭氧处理对产自贵州毕节的中间香型中部叶内在质量的影响。结果表明，臭氧处理2.0h，烟叶的品质达到最佳：香气质显著增加，香气量稍有增加，烟气柔细度稍升高；总糖、还原糖含量升高，糖碱比增大，比空白组提高39.7%；香气成分在O$_3$处理2.0h时含量明显升高，比空白组提高21.8%。

3

产臭氧紫外辐照对中间香型烟叶内在质量的影响

　　本章利用感官评定、常规化学成分分析、香味成分分析等方法，研究了产臭氧紫外辐照对产自贵州毕节的中间香型上部叶、中部叶和下部叶内在质量的影响。结果表明，经产臭氧紫外处理1.0h时，上部和下部烟叶的品质达到最佳，处理1.5h时，中部叶质量最佳。整体来说，产臭氧紫外辐照对中间香型中部叶作用效果最好，糖碱比最大为12.38，比空白组提升64.0%，香味物质增加10.0%。

3.1　产臭氧紫外辐照对贵州毕节上部叶内在质量的影响

　　本节研究了产臭氧紫外辐照对贵州毕节上部叶内在质量的影响，主要采用感官评定、常规化学成分分析、香味成分分析等方法。结果表明，产臭氧紫外辐照处理1.0h时烟叶的品质最佳：香气质明显提高，烟气柔细度略微升高，劲头下降；总糖、还原糖含量有所升高，烟碱降低，糖碱比增大，比空白组提高24.1%；总香味物质在产臭氧紫外辐照处理烟叶时间为1.0h效果最好，比空白组提高8.4%。与不产臭氧紫外辐照和单纯臭氧处理相比，产臭氧紫外辐照可以缩短上部叶的处理时间，且达到更好的烟叶品质。

3.1.1　材料与仪器

　　材料：2013年贵州毕节上部烟叶。

　　试剂如表3.1所示，均为分析纯。

表 3.1　　　　　　　　　　　　　　　　试剂

试剂	厂家
二氯甲烷	天津市富宇精细化工有限公司
无水硫酸钠	天津市科密欧化学试剂有限公司
氯化钠	天津市永大化学试剂有限公司
标样化合物乙酸苯乙酯	北京百灵威科技有限公司

仪器如表 3.2 所示。

表 3.2　　　　　　　　　　　　　　　　仪器

仪器	公司
AA3 型连续流动分析仪	德国 SEAL Analytical 公司
Agilent 6890GC/5973MS 气质联用仪	美国安捷伦（Agilent）公司
PHILIPS TUV 紫外灯（20W，波长 198nm）	雪莱特石英紫外灯，产臭氧
SY-111 型切丝机	河南富邦实业有限公司
LSB-5110 型低温冷却循环泵	郑州凯鹏实验仪器有限责任公司
LHS-50CL 型恒温恒湿箱	上海一恒科学仪器有限公司

3.1.2　实验方法

3.1.2.1　样品处理

上述样品取适量，去除烟梗、除出杂物，平衡 48h，平衡环境：温度保持在（22±2）℃、相对湿度保持在 60%。平衡后，取适量每种类型的样品，用紫外辐照处理（20W，紫外灯波长 198nm，产臭氧），紫外灯与样品保持 30cm，处理时间分别为 0h、0.5h、1.0h、1.5h、2.0h，然后将处理后的样品平衡 24h。紫外辐照处理烟叶过程如图 3.1 所示。

图 3.1　紫外辐照处理烟叶过程

3.1.2.2 感官评吸

感官评吸方法同 1.1.2.2。

3.1.2.3 连续流动法测定常规化学成分

常规化学成分检测方法同 1.1.2.3。

3.1.2.4 GC-MS 测定香味成分

香味成分检测方法同 1.1.2.4。

3.1.3 结果与讨论

3.1.3.1 产臭氧紫外辐照对烟叶感官质量的影响

经产臭氧紫外辐照处理的烟叶感官评定结果如表 3.3 所示。样品处理 1.0h 与 1.5h 时烟叶的品质相对较佳,处理 2.0h 时整体品质稍有下降。处理 1.0h 与 1.5h 时香气质显著升高,烟气柔细度略微有所增强,劲头下降。

表 3.3　　　　产臭氧紫外辐照处理后贵州毕节上部烟叶感官质量评分

编号	香气质	香气量	浓度	柔细度	余味	杂气	刺激性	劲头	燃烧性	灰色
空白	6.02	6.52	7.01	5.52	6.52	7.02	6.55	大	6.00	6.00
UV+$O_3$0.5h	6.35	6.54	7.02	5.79	6.55	7.02	6.55	中	6.00	6.00
UV+$O_3$1.0h	6.98	6.65	7.02	5.86	6.54	7.03	6.54	中	6.00	6.00
UV+$O_3$1.5h	6.97	6.66	7.03	5.84	6.53	7.01	6.57	中	6.00	6.00
UV+$O_3$2.0h	6.87	6.63	7.02	5.81	6.57	7.03	6.59	中	6.00	6.00

3.1.3.2 产臭氧紫外辐照对烟叶常规化学成分的影响

常规化学成分结果如表 3.4 所示。样品经产臭氧紫外辐照处理后,总糖在处理时间为 1.0h、1.5h 时含量最高;烟碱含量产臭氧紫外辐照同时处理后都降低;还原糖含量经处理后都有所升高,在 1.0h 和 1.5h 最高;糖碱比在每个处理时间点都显著升高,且在 1.0h 为最高值,然后保持不变。

表 3.4　　　　产臭氧紫外辐照处理对贵州毕节上部烟叶常规化学成分的影响

编号	总糖含量/%	烟碱含量/%	还原糖含量/%	糖碱比
空白	14.57a	3.21a	11.57a	4.53a
UV+$O_3$0.5h	14.89ac	2.88b	12.01b	5.17b
UV+$O_3$1.0h	15.68b	2.79b	13.94c	5.62c
UV+$O_3$1.5h	15.58b	2.80b	13.78c	5.56c
UV+$O_3$2.0h	14.99c	2.77b	13.22d	5.41bc

注:不同的小写字母表示有显著性差异。

3.1.3.3 产臭氧紫外辐照对烟叶香味成分的影响

产臭氧紫外辐照处理对样品香味成分的影响结果如表3.5所示。香味成分整体先升高后降低，产臭氧紫外辐照处理烟叶时间为1.0h时效果最好，香味物质含量（除新植二烯）比空白组香味物质含量提高15.64%，新植二烯含量提高20.64%，总香味物质提升了8.4%；1.5h与2.0h时有降低趋势，但仍比空白组高。

表3.5　　　　　贵州毕节上部烟叶经产臭氧紫外辐照
处理前后香味成分的变化　　　　　单位：μg/g

名称	空白	UV+O$_3$0.5h	UV+O$_3$1.0h	UV+O$_3$1.5h	UV+O$_3$2.0h
苯甲醛	1.66	1.78	1.87	1.80	1.71
苯乙醛	2.63	2.85	4.01	3.94	3.76
芳樟醇	0.74	1.54	1.86	1.90	1.79
苯乙醇	3.48	3.59	3.57	3.49	3.64
β-大马酮	3.98	3.87	3.79	3.54	3.59
二氢猕猴桃内酯	13.19	13.48	14.00	13.95	13.87
巨豆三烯酮	83.74	87.45	88.12	87.15	86.98
3-羟基-β-半大马酮	8.85	8.04	9.26	8.04	8.25
β-紫罗兰酮	4.20	4.58	4.45	4.31	4.04
正二十六烷	2.42	2.45	2.58	2.48	2.15
乙酸苯甲酯	0.89	0.97	0.99	0.82	0.98
α-二氢大马酮	0.99	1.20	2.59	2.45	1.54
香叶基丙酮	3.04	4.01	5.19	4.36	4.00
乙酰吡咯	0.33	0.56	1.04	1.25	1.40
1,2,3,4-四甲基萘	—	—	1.25	1.34	1.55
茄酮	20.56	21.15	22.04	20.36	19.14
6-甲基-5-庚烯-2-醇	0.83	0.95	0.48	0.86	0.88
十六酸乙酯	1.96	2.51	2.94	2.10	2.48
4-(3-羟基-1-丁基)-3,5,5-三甲基-2-环己烯-1-酮	—	1.95	2.48	3.44	3.48
糠醛	4.58	3.15	5.87	6.00	5.06
糠醇	9.26	10.12	11.53	6.45	3.12

续表

名称	空白	UV+O₃0.5h	UV+O₃1.0h	UV+O₃1.5h	UV+O₃2.0h
β-二氢大马酮	2.41	2.11	2.56	2.45	2.78
二十烷	4.93	4.85	4.75	4.57	4.68
1,2,3,4-四氢-1,1,6-三甲基萘	1.93	1.94	1.88	1.69	1.83
5-甲基糠醛	5.14	6.45	9.78	9.56	8.58
6-甲基-5-庚烯-2-酮	1.60	1.70	1.98	1.56	1.55
异戊酸	0.21	0.15	0.24	0.20	0.23
2-乙酰呋喃	0.52	0.55	0.54	0.52	0.59
苯甲醇	39.15	42.45	49.62	47.41	46.37
苯乙酮	18.46	17.26	18.46	11.12	10.30
异佛尔酮	0.97	1.20	1.40	1.62	1.50
氧化异佛尔酮	0.56	0.57	1.56	1.52	1.49
1,2-甲基十四酸	0.66	0.64	0.69	0.63	0.67
2-乙酰基吡咯	0.42	0.24	0.54	0.36	0.51
2,3-二甲基吡嗪	0.10	0.15	0.28	0.42	0.68
新植二烯	329.58	359.45	397.60	358.47	330.92
总计（新植二烯除外）	244.39	256.46	284.19	263.66	255.17

注："—"表示未检出。

3.1.4　小结

本节研究了产臭氧紫外辐照对贵州毕节上部叶内在质量的影响，主要采用感官评定、常规化学成分分析、香味成分分析等方法。结果表明，产臭氧紫外辐照处理 1.0h 时烟叶的品质最佳：香气质明显提高，烟气柔细度略微升高，劲头下降；总糖、还原糖含量有所升高，烟碱降低，糖碱比增大，比空白组提高 24.1%；总香味物质在产臭氧紫外辐照处理烟叶时间为 1.0h 效果最好，比空白组提高 8.4%，时间延长有降低趋势。与不产臭氧紫外辐照和单纯臭氧处理相比，产臭氧紫外辐照可以缩短上部叶的处理时间，且达到更好的烟叶品质。

3.2 产臭氧紫外辐照对贵州毕节中部叶内在质量的影响

本节研究了产臭氧紫外辐照对贵州毕节中部叶内在质量的影响，主要采用感官评定、常规化学成分分析、香味成分分析等方法。结果表明，经产臭氧紫外辐照处理 1.5h 时，烟叶的品质最佳：香气质显著升高，香气量略微升高，烟气柔细度略微升高；总糖、还原糖含量有所升高，糖碱比增大，比空白组提高 64.0%；总香味物质在产臭氧紫外辐照处理烟叶时间为 1.5h 效果最好，比空白组提高 10.0%。

试剂与仪器和实验方法如 3.1.1 和 3.1.2 所示。

3.2.1 结果与讨论

3.2.1.1 产臭氧紫外辐照对烟叶感官质量的影响

经产臭氧紫外辐照处理的烟叶感官评定结果如表 3.6 所示。处理 1.5h 时，烟叶的品质最佳。香气质显著升高，香气量略微所上升，烟气柔细度略升高。

表 3.6 产臭氧紫外辐照处理后贵州毕节中部烟叶感官质量评分

编号	香气质	香气量	浓度	柔细度	余味	杂气	刺激性	劲头	燃烧性	灰色
空白	7.16	6.74	6.78	5.67	6.67	7.35	7.06	中	6.50	6.50
UV+$O_3$0.5h	7.36	6.80	6.75	5.77	6.65	7.36	7.05	中	6.50	6.50
UV+$O_3$1.0h	7.45	6.84	6.76	5.81	6.68	7.35	7.06	中	6.50	6.50
UV+$O_3$1.5h	7.89	6.89	6.78	5.85	6.67	7.36	7.05	中	6.50	6.50
UV+$O_3$2.0h	7.61	6.82	6.78	5.79	6.65	7.35	7.07	中	6.50	6.50

3.2.1.2 产臭氧紫外辐照对烟叶常规化学成分的影响

常规化学成分结果如表 3.7 所示。经产臭氧紫外辐照处理后，总糖含量都比空白组高，且在 1.5h、2.0h 时含量最高；烟碱含量在 2.0h 时含量显著降低，其他时间点无显著变化；还原糖含量处理组比空白组含量都高，且处理时间为 1.5h、2.0h 时含量最高；糖碱比都升高，且在处理时间为 2.0h 时最大。

表 3.7   产臭氧紫外辐照同时处理对贵州毕节中部烟叶常规化学成分的影响

编号	总糖含量/%	烟碱含量/%	还原糖含量/%	糖碱比
空白	16.23a	2.15a	14.87a	7.55a
UV+$O_3$0.5h	17.98b	2.16a	15.67b	8.32b
UV+$O_3$1.0h	19.74c	2.09a	17.01c	9.44c
UV+$O_3$1.5h	21.58d	2.14a	18.98d	10.08d
UV+$O_3$2.0h	22.04d	1.78b	19.24d	12.38e

注：不同的小写字母表示有显著性差异。

3.2.1.3   产臭氧紫外辐照对烟叶香味成分的影响

产臭氧紫外辐照对样品香味成分的影响结果如表 3.8 所示。香气成分整体先升高后降低，在产臭氧紫外辐照时间为 1.5h 时效果最好，香味物质含量（除新植二烯）比空白组香味物质含量提高 15.82%，新植二烯含量提高 6.50%，总香味物质提高了 10.0%；2.0h 时虽然比 1.5h 时香味含量低，但仍然比空白组高。

表 3.8   贵州毕节中部烟叶经产臭氧紫外辐照处理

前后香味成分的变化   单位：μg/g

名称	空白	UV+$O_3$0.5h	UV+$O_3$1.0h	UV+$O_3$1.5h	UV+$O_3$2.0h
螺岩兰草酮	0.88	0.91	0.84	0.97	0.78
巨豆三烯酮	37.08	37.82	39.51	42.94	40.58
大马士酮	16.83	17.58	18.46	19.39	17.58
3-羟基-β-二氢大马酮	2.59	2.34	2.11	2.01	1.98
2,3,6-三甲基萘-1,4-二酮	0.48	0.66	0.65	0.61	0.58
甲基庚烯酮	0.38	0.33	0.41	0.36	0.25
香叶基丙酮	3.12	3.00	3.28	3.77	3.67
β-紫罗酮	1.02	1.24	1.45	1.46	1.59
4-(3-羟基-1-丁基)-3,5,5-三甲基-2-环己烯-1-酮	—	—	0.55	0.68	0.45
6,10-二甲基-5,9-十一烷二烯-2-酮	—	0.42	0.61	0.48	0.52
反式八氢基-4a,7,7-三甲基-2(1H)-萘酮	0.76	0.88	0.98	1.11	0.87

续表

名称	空白	UV+O$_3$0.5h	UV+O$_3$1.0h	UV+O$_3$1.5h	UV+O$_3$2.0h
α-异甲基紫罗兰酮	1.40	1.66	1.58	1.68	1.44
1,2,3,4-四氢-1,1,6-三甲基萘	1.93	1.56	1.28	1.35	1.47
5,6,7,8-四甲基-1,2,3,4-四氢化萘	1.03	1.00	1.53	1.82	1.77
1,2,3,4-四甲基萘	—	0.38	0.55	0.43	0.47
1,2,3,4-四氢-1,6,8-三甲基-萘	—	—	0.65	0.76	0.51
二十烷	4.93	5.55	6.58	6.47	7.64
1,3,3-三甲基双环 [2.2.1] 庚烷	—	0.31	0.77	0.56	0.84
正二十一烷	—	—	—	0.69	0.57
正二十六烷	—	—	—		0.99
(E, E)-7,11,15 四甲基-3-亚甲基-十六碳-1,6,10,14-四烯	9.34	9.98	10.25	11.58	10.68
1,7,7-三甲基 [2.2.1.0 (2,6)] 庚烯	19.13	20.14	23.58	22.22	21.54
苄醇	7.52	7.26	7.21	7.55	7.68
苯乙醇	2.27	2.36	2.58	2.64	2.61
(+)-雪松醇	1.03	1.00	1.26	1.82	1.67
黑松醇	3.53	3.68	3.95	3.87	3.04
叶绿醇	6.03	6.21	6.33	6.54	6.15
1,5,9-三甲基-12-（1-甲基乙基）-4,8,13-环十四碳烯-1,3-二醇	7.87	7.99	7.68	7.52	7.26
苯乙醛	4.19	4.01	4.25	4.64	4.22
棕榈酸甲酯	22.83	23.07	24.68	27.59	26.54
亚油酸甲酯	7.66	7.94	7.65	7.71	7.84
亚麻酸甲酯	20.80	20.74	20.39	21.33	21.42
硬酯酸甲酯	3.91	3.86	3.25	3.99	3.84
二氢猕猴桃内酯	7.24	7.28	8.75	8.88	8.67
二十烷酸甲酯	0.18	0.27	0.41	0.43	0.35

续表

名称	空白	UV+O_3 0.5h	UV+O_3 1.0h	UV+O_3 1.5h	UV+O_3 2.0h
十七酸甲酯	2.65	2.66	2.79	2.88	2.73
2-甲氧基-4-乙烯苯酚	3.01	3.92	4.01	4.29	4.05
肉豆蔻酸	—	0.68	0.46	0.58	0.49
（E）-1-（2,3,6-三甲基苯基）丁-1,3-二烯（四苯硼酸盐，1）	8.28	8.67	7.84	8.99	8.67
甲酯-15-甲基-十六烷酸	—	0.53	0.78	0.94	1.02
2-乙酰基吡咯	1.83	1.74	1.80	1.99	1.89
1,2-苯并异噻唑，3-（六氢-1H-氮杂-1-基）-，1,1-二氧化物	5.04	5.11	5.32	5.41	5.58
3-（4,8,12 三甲基十四烷基）-呋喃	2.86	2.94	2.75	2.66	2.74
3-乙烯基吡啶	—	0.45	0.58	0.77	0.48
新植二烯	358.90	368.48	371.26	382.22	380.34
总计（不含新植二烯）	219.61	228.13	240.34	254.36	245.71

注："—"表示未检出。

3.2.2　小结

本节研究了产臭氧紫外辐照对贵州毕节中部烟叶品质的影响，经感官评定、常规化学成分分析、香味成分分析，结果表明：经产臭氧紫外辐照1.5h时，烟叶的品质最佳。香气质显著升高，香气量略微升高，烟气柔细度略微升高；总糖、还原糖含量有所升高，糖碱比增大，比空白组提高64.0%；总香味物质提升了10.0%。

3.3　产臭氧紫外辐照对贵州毕节下部叶内在质量的影响

本节研究了产臭氧紫外辐照对贵州毕节下部叶内在质量的影响，主要采用感官评定、常规化学成分分析、香味成分分析等方法。结果表明，经产臭氧紫外辐照处理1.0h时，烟叶的品质最佳：香气质和香气量上升，烟叶感官品质较佳，糖碱比增大，比空白组提高49.5%香味物质最多，比空白组提高3.6%。

试剂与仪器和实验方法如 3.1.1 和 3.1.2 所示。

3.3.1 结果与讨论

3.3.1.1 产臭氧紫外辐照对烟叶感官质量的影响

经紫外辐照与臭氧处理的烟叶感官评定结果如表 3.9 所示。处理 1.0h 香气质和香气量上升，烟叶感官品质最佳。

表 3.9　　紫外辐照与臭氧处理后贵州毕节下部烟叶感官质量评分

编号	香气质	香气量	浓度	柔细度	余味	杂气	刺激性	劲头	燃烧性	灰色
空白	5.75	5.63	6.20	5.11	6.22	7.05	6.12	小	6.80	6.50
$UV+O_3$ 0.5h	5.85	5.73	6.33	5.17	6.55	7.04	7.54	小	6.80	6.50
$UV+O_3$ 1.0h	5.93	5.84	6.32	5.22	6.54	7.02	7.56	小	6.80	6.50
$UV+O_3$ 1.5h	5.78	5.87	6.15	5.35	6.55	7.01	7.55	小	6.80	6.50
$UV+O_3$ 2.0h	5.69	5.90	6.26	5.40	6.57	7.04	7.27	小	6.80	6.50

3.3.1.2 产臭氧紫外辐照对烟叶常规化学成分的影响

常规化学成分结果如表 3.10 所示。经产臭氧紫外辐照后，总糖和还原糖含量都有所上升，烟碱含量略有降低，处理时间 1.5h 时对烟叶常规化学成分提升最好。

表 3.10　　产臭氧紫外辐照对贵州毕节下部烟叶常规化学成分的影响

编号	总糖含量/%	烟碱含量/%	还原糖含量/%	钾含量/%	氯含量/%	糖碱比
空白	9.89a	1.62a	8.75a	2.54a	0.46a	6.10a
$UV+O_3$ 0.5h	10.89b	1.60b	8.88b	2.68b	0.47a	6.81b
$UV+O_3$ 1.0h	11.32c	1.59b	8.90b	2.74b	0.48a	7.12b
$UV+O_3$ 1.5h	14.32d	1.57c	10.01c	2.83c	0.50a	9.12c
$UV+O_3$ 2.0h	12.36e	1.62a	9.63d	2.60a	0.47a	7.63d

注：不同的小写字母表示显著性差异。

3.3.1.3 产臭氧紫外辐照对烟叶香味成分的影响

产臭氧紫外辐照对样品香味成分的影响结果如表 3.11 所示。香气成分整体略微上升，处理时间在 1.5h 香味物质总量最多。

表 3.11　贵州毕节下部烟叶产臭氧紫外辐照前后香味成分的变化　　单位：μg/g

中文名	空白	UV+$O_3$0.5h	UV+$O_3$1.0h	UV+$O_3$1.5h	UV+$O_3$2.0h
亚麻酸	19.92	24.28	31.37	30.25	37.19
2-十二烷基二甲酯辛酸	1.71	0.93	0.81	—	—
正十五酸	2.97	4.90	4.12	4.68	5.17
壬酸	0.42	1.14	1.42	2.22	2.27
巨豆三烯酮	29.42	24.79	21.88	22.80	26.45
大马酮	13.47	15.96	14.52	13.99	17.24
(6R,7E,9R)-9-羟基-4,7-巨豆二烯-3-酮	2.70	3.15	3.40	3.42	3.26
香叶基丙酮	3.33	3.32	3.85	3.32	3.94
法尼基丙酮	14.15	14.40	17.48	15.37	15.64
大马士酮	12.17	13.22	12.28	15.46	13.33
苯乙醇	0.62	—	—	—	—
S-(Z)-3,7,11-三甲基-1,6,10-十二烷三烯-3-醇	—	—	1.40	2.12	2.59
苯甲醛	1.30	0.54	0.53	0.42	0.37
苯乙醛	6.80	5.49	5.65	5.64	6.23
2-辛基环丙基辛醛	5.39	3.48	3.08	8.00	6.27
2,10-二甲基-9-十一烯醛	3.19	2.28	2.84	3.40	3.35
壬醛	2.24	1.55	1.86	4.53	3.71
癸醛	0.46	0.67	0.88	1.22	1.78
棕榈酸甲酯	4.90	5.00	2.94	5.60	6.82
二氢猕猴桃内酯	4.62	4.70	4.99	4.58	5.38
Z,Z-10,12-六癸二烯-1-醇乙酸酯	—	0.27	3.41	4.76	3.73
邻苯二酸	—	0.90	1.42	1.63	1.70
乙酸异戊酯	1.55	1.47	1.67	1.22	1.29
9,12,15-十八烷三烯酸甲酯	4.35	4.27	4.86	5.26	5.73
2,6-二叔丁基对甲酚	0.72	0.99	0.96	0.24	—
吲哚	0.99	1.04	0.97	1.13	1.23
2-乙酰基吡咯	1.33	0.76	1.47	1.23	1.32

续表

中文名	空白	UV+$O_3$0.5h	UV+$O_3$1.0h	UV+$O_3$1.5h	UV+$O_3$2.0h
β-紫罗兰酮	3.59	3.22	3.98	4.49	4.65
异氟尔酮	0.81	0.58	0.62	0.95	1.09
糠醛	4.74	4.42	5.58	4.90	4.83
芳樟醇	0.39	0.62	0.91	1.37	0.97
茄酮	20.45	22.52	24.23	25.20	29.54
新植二烯	221.69	225.43	209.41	235.19	235.01
含量总和（不计新植二烯）	168.69	170.87	183.97	169.42	161.55

注："—"表示未检出。

3.3.2 小结

本节研究了产臭氧紫外辐照对贵州毕节下部叶内在质量的影响，主要采用感官评定、常规化学成分分析、香味成分分析等方法。结果表明，经产臭氧紫外辐照处理 1.0h 时，烟叶的品质最佳：香气质和香气量上升，烟叶感官品质较佳，糖碱比增大，比空白组提高 49.5%；香味物质最多，比空白组提高 3.6%。

第2部分 Part 2
紫外辐照对浓香型烟叶内在质量的影响

本部分研究表明，不产臭氧紫外辐照对浓香型烟叶处理 1.5h 效果较好，臭氧处理对浓间香型烟叶处理 1.5h 效果好，产臭氧紫外处理 1.5h 可达到最优效果。不产臭氧紫外辐照对浓香型的下部叶作用显著，糖碱比最大为 13.75，比空白组提升 116.5%。臭氧处理对浓香型的下部叶（糖碱比为 16.10，比空白组提升 153.5%）比上部叶（糖碱比为 6.03，比空白组提升 72.3%）效果好。产臭氧紫外辐照对浓香型的下部叶（糖碱比为 12.35，比空白组提升 94.5%）比上部叶（糖碱比为 10.12，比空白组提升 86.4%）和中部叶（糖碱比为 6.41，比空白组提升 0.2%）效果好。

4
不产臭氧紫外辐照对浓香型烟叶内在质量的影响

本章利用感官评定、常规化学成分分析、香味成分分析等方法，研究了不产臭氧紫外辐照对产自河南许昌的浓香型下部叶内在质量的影响。结果表明，经不产臭氧紫外处理1.5h时，下部烟叶的品质达到最佳。糖碱比为13.75，比空白组提升116.5%。香味物质提升了16.4%。

4.1 不产臭氧紫外辐照对河南许昌下部叶内在质量的影响

本节研究了不产臭氧紫外辐照对河南许昌浓香型下部叶内在质量的影响，主要采用感官评定、常规化学成分分析、香味成分分析等方法。结果表明，样品经 UV 处理1.5h和2.0h时，烟叶的品质相对较好：香气质显著提高，香气量稍升高；总糖、还原糖含量相对升高，烟碱显著降低，糖碱比增大，比空白组提升116.5%；香气物质总量在在不产臭氧紫外 UV 处理1.5h时明显升高，比空白组提升了16.4%。

试剂与仪器和实验方法同 1.1.1 和 1.1.2。

4.1.1 结果与讨论

4.1.1.1 不产臭氧紫外辐照对烟叶感官质量的影响

经不产臭氧紫外辐照的烟叶感官评定结果如表 4.1 所示。样品处理1.5h与2.0h时，烟叶的吸食品质相对较好。这两个处理时间点时香气质显著升高，香气量稍增加。

表 4.1　不产臭氧紫外辐照处理后河南许昌下部烟叶的感官质量评分

编号	香气质	香气量	浓度	柔细度	余味	杂气	刺激性	劲头	燃烧性	灰色
空白	5.88	5.77	6.35	5.46	6.55	7.02	7.53	小	6.80	6.50
UV0.5h	5.89	5.76	6.34	5.44	6.54	7.03	7.54	小	6.80	6.50

续表

编号	香气质	香气量	浓度	柔细度	余味	杂气	刺激性	劲头	燃烧性	灰色
UV1.0h	5.92	5.80	6.32	5.45	6.51	7.01	7.57	小	6.80	6.50
UV1.5h	5.98	5.97	6.33	5.47	6.56	7.01	7.54	小	6.80	6.50
UV2.0h	5.97	5.99	6.34	5.46	6.57	7.03	7.59	小	6.80	6.50

4.1.1.2 不产臭氧紫外辐照处理对烟叶常规化学成分的影响

常规化学成分结果表4.2所示。样品经紫外处理后，总糖含量都有所升高，且在处理时间为1.5h与2.0h时含量最高；烟碱含量在1.5h与2.0h时含量降低，其他处理时间点无显著变化；还原糖含量处理组都比空白组含量高，且在处理时间为1.5h与2.0h时含量最高；糖碱比在样品处理时间为1.5h与2.0h时最大。

表4.2　不产臭氧紫外辐照处理对河南许昌下部烟叶常规化学成分的影响

编号	总糖含量/%	烟碱含量/%	还原糖含量/%	糖碱比
空白	10.03a	1.58a	9.05a	6.35a
UV0.5h	12.38b	1.55a	10.64b	7.99b
UV1.0h	13.97c	1.56a	11.80c	8.96c
UV1.5h	16.32d	1.22b	13.74d	13.38d
UV2.0h	16.64d	1.21b	13.65d	13.75d

注：不同的小写字母表示显著性差异。

4.1.1.3 不产臭氧紫外辐照处理对烟叶香味成分的影响

不产臭氧紫外辐照处理对样品香味成分的影响结果如表4.3所示。香味物质总体含量在不产臭氧紫外UV处理0.5h、1.0h时变化不大，在2.0h时稍升高，在不产臭氧紫外UV处理1.5h时含量明显升高，此时香味物质含量（除新植二烯）比空白组香味物质含量提高15.35%，新植二烯无明显变化，总香味物质提升了16.4%。

表4.3　　河南许昌下部烟叶紫外处理前后香味成分的变化　　单位：μg/g

中文名	空白	UV0.5h	UV1.0h	UV1.5h	UV2.0h
亚麻酸	22.12	26.86	29.76	32.52	35.76
2-十二烷基二甲酯辛酸	1.88	1.02	0.87	——	——
正十五酸	2.88	4.83	4.43	4.42	4.87

续表

中文名	空白	UV0.5h	UV1.0h	UV1.5h	UV2.0h
壬酸	0.46	1.12	1.57	2.19	2.35
巨豆三烯酮	28.57	24.72	20.17	23.37	27.37
大马酮	13.22	15.74	14.86	12.88	16.41
(6R,7E,9R)-9-羟基-4,7-巨豆二烯-3-酮	2.50	3.17	3.53	3.32	3.11
香叶基丙酮	3.51	3.24	3.67	3.46	3.66
法尼基丙酮	14.41	15.43	16	14.22	14.57
大马士酮	12.78	13.66	13.26	15.95	13.33
苯乙醇	0.58	—	—	—	—
S-(Z)-3,7,11-三甲基-1,6,10-十二烷三烯-3-醇	—	—	1.37	2.07	2.64
苯甲醛	1.30	0.52	0.5	0.46	0.41
苯乙醛	6.23	5.74	6.06	5.84	6.34
2-辛基环丙基辛醛	5.44	3.56	3.27	7.97	6.18
2,10-二甲基-9-十一烯醛	3.28	2.34	2.96	3.36	3.28
壬醛	2.45	1.72	2.04	4.15	3.76
癸醛	0.47	0.72	0.91	1.31	1.72
棕榈酸甲酯	4.94	4.92	3.22	5.44	6.82
二氢猕猴桃内酯	4.70	4.71	5.16	4.53	5.38
Z,Z-10,12-六癸二烯-1-醇乙酸酯	—	0.27	3.12	4.41	3.79
邻苯二酸	—	0.89	1.42	1.75	1.67
乙酸异戊酯	1.41	1.51	1.53	1.27	1.39
9,12,15-十八烷三烯酸甲酯	4.36	4.52	5.17	5.57	5.52
2,6-二叔丁基对甲酚	0.75	0.93	0.9	0.23	—
吲哚	1.07	1.02	0.95	1.11	1.36
2-乙酰基吡咯	1.27	0.79	1.37	1.14	1.42
β-紫罗兰酮	3.99	3.47	4.39	4.86	4.51
异氟尔酮	0.87	0.58	0.63	0.96	1.03
糠醛	4.89	4.47	5.28	4.97	5.31

续表

中文名	空白	UV0.5h	UV1.0h	UV1.5h	UV2.0h
芳樟醇	0.40	0.64	0.97	1.37	0.93
茄酮	22.65	22.45	23.17	24.89	27.86
新植二烯	236.57	223.79	232.04	238.03	240.25
含量总和（不计新植二烯）	173.38	175.56	181.09	199.99	187.22

注："—"表示未检出。

4.1.2 小结

本节研究了不产臭氧紫外辐照对河南许昌浓香型下部叶内在质量的影响，主要采用感官评定、常规化学成分分析、香味成分分析等方法。结果表明，样品经 UV 处理 1.5h 和 2.0h 时，烟叶的品质相对较好：香气质显著提高，香气量稍升高；总糖、还原糖含量相对升高，烟碱显著降低，糖碱比增大，提升了 116.5%；香气物质总量在不产臭氧紫外 UV 处理 1.5h 明显升高，香味物质提升了 16.4%。

5

臭氧处理对浓香型烟叶内在质量的影响

本章利用感官评定、常规化学成分分析、香味成分分析等方法，研究了臭氧处理对产自河南许昌的浓香型上、下部叶内在质量的影响。结果表明，经臭氧处理 1.5h 时，上部和下部烟叶的品质达到最佳。整体来说，臭氧处理对浓香型下部叶作用提升效果明显，糖碱比最大为 16.10，比空白组提升 153.5%，香味物质提升了 18.3%。

5.1　臭氧处理对河南许昌下部叶内在质量的影响

本节研究了臭氧对河南许昌浓香型下部叶内在质量的影响，主要采用感官评定、常规化学成分分析、香味成分分析等方法。结果表明，样品经臭氧处理 1.5h 时，烟叶的品质相对较好：香气质显著增加，香气量稍增加；总糖、还原糖含量有所升高，糖碱比增大；香味成分总体含量在 O_3 处理 0.5h、1.0h、2.0h 时变化不大，在 O_3 处理 1.5h 时含量稍升高。

试剂与仪器和实验方法如 2.1.1 和 2.1.2 所示。

5.1.1　结果与讨论

5.1.1.1　臭氧对烟叶感官质量的影响

经臭氧处理的烟叶的感官评定结果如表 5.1 所示。臭氧处理 1.5h 时，烟叶的品质相对较好。香气质显著增加，香气量略微升高。

表 5.1　　　　　　　　臭氧处理后河南许昌下部烟叶的感官质量评分

编号	香气质	香气量	浓度	柔细度	余味	杂气	刺激性	劲头	燃烧性	灰色
空白	5.88	5.77	6.35	5.46	6.55	7.02	7.53	小	6.80	6.50
$O_3$0.5h	5.87	5.78	6.32	5.42	6.56	7.02	7.53	小	6.80	6.50
$O_3$1.0h	5.89	5.81	6.36	5.45	6.55	7.03	7.56	小	6.80	6.50

续表

编号	香气质	香气量	浓度	柔细度	余味	杂气	刺激性	劲头	燃烧性	灰色
O₃1.5h	5.98	5.99	6.38	5.46	6.54	7.01	7.55	小	6.80	6.50
O₃2.0h	5.95	5.91	6.34	5.44	6.56	7.03	6.54	小	6.80	6.50

5.1.1.2 臭氧处理对烟叶常规化学成分的影响

常规化学成分结果如表 5.2 所示。处理组比空白组总糖、还原糖含量都高，且在处理时间为 2.0h 时含量最高；烟碱含量在处理时间为 2.0h 时降低，其他处理时间点无显著变化。

表 5.2 　　　　臭氧处理对河南许昌下部烟叶常规化学成分的影响

编号	总糖含量/%	烟碱含量/%	还原糖含量/%	糖碱比
空白	10.03a	1.58a	9.05a	6.35a
O₃0.5h	11.98b	1.56a	10.13b	7.68b
O₃1.0h	13.62c	1.57a	11.64c	8.68c
O₃1.5h	17.45d	1.59a	15.02d	10.97d
O₃2.0h	19.64e	1.22b	16.85e	16.10d

注：不同的小写字母表示差异性显著。

5.1.1.3 臭氧处理对烟叶香味成分的影响

O_3 处理对样品的影响结果如表 5.3 所示。香味成分总体含量在 O_3 处理 0.5h、1.0h、2.0h 时变化不大，在 O_3 处理 1.5h 时含量稍升高，此时香味成分含量（除新植二烯）比空白组含量提高 13.02%，新植二烯的含量略微有所升高，总香味物质提升了 18.3%。

表 5.3 　　　　河南许昌下部烟叶臭氧处理前后香味成分的变化　　　　单位：μg/g

中文名	空白	O₃0.5h	O₃1.0h	O₃1.5h	O₃2.0h
亚麻酸	22.12	24.86	25.76	28.52	21.76
2-十二烷基二甲酯辛酸	1.88	1.32	1.53	1.32	1.42
正十五酸	2.88	3.86	2.87	3.64	4.54
壬酸	0.46	0.42	0.62	1.86	2.01
巨豆三烯酮	28.57	27.38	28.78	30.75	26.45

续表

中文名	空白	$O_3$0.5h	$O_3$1.0h	$O_3$1.5h	$O_3$2.0h
大马酮	13.22	12.45	14.76	16.87	14.43
(6R,7E,9R)-9-羟基-4,7-巨豆二烯-3-酮	2.50	2.64	4.85	4.67	3.76
香叶基丙酮	3.51	3.64	4.23	3.46	4.26
法尼基丙酮	14.41	15.74	16.76	16.76	15.76
大马士酮	12.78	11.65	12.86	14.65	12.48
苯乙醇	0.58	0.53	0.43	0.59	0.76
S-(Z)-3,7,11-三甲基-1,6,10-十二烷三烯-3-醇	—	0.34	1.93	2.46	2.01
苯甲醛	1.30	0.42	0.74	0.54	0.75
苯乙醛	6.23	5.74	6.06	5.84	6.34
2-辛基环丙基辛醛	5.44	4.24	2.42	5.34	6.21
2,10-二甲基-9-十一烯醛	3.28	3.24	3.24	4.24	4.42
壬醛	2.45	2.49	2.85	1.42	2.42
癸醛	0.47	0.53	0.63	1.53	1.42
棕榈酸甲酯	4.94	4.92	3.22	5.44	5.35
二氢猕猴桃内酯	4.70	3.21	2.14	1.43	—
Z,Z-10,12-六癸二烯-1-醇乙酸酯	—	0.27	0.21	—	—
邻苯二酸	—	—	0.53	0.36	0.45
乙酸异戊酯	1.41	1.21	1.01	0.87	—
9,12,15-十八烷三烯酸甲酯	4.36	3.59	2.49	2.11	1.34
2,6-二叔丁基对甲酚	0.75	0.34	0.42	0.49	—
吲哚	1.07	0.75	0.83	0.53	0.52
2-乙酰基吡咯	1.27	0.49	0.78	0.84	0.53
β-紫罗兰酮	3.99	4.89	4.98	5.86	4.96
异氟尔酮	0.87	0.68	0.7	0.75	0.65
糠醛	4.89	4.98	4.19	4.98	5.02
芳樟醇	0.40	0.58	0.62	0.42	0.53
茄酮	22.65	23.5	25.35	27.42	26.39
新植二烯	236.57	238.43	240.25	247.84	241.25
总计（不含新植二烯）	173.38	170.90	178.79	195.96	176.94

注："—"表示未检出。

5.1.2 小结

本节研究了臭氧对河南许昌浓香型下部叶内在质量的影响，主要采用感官评定、常规化学成分分析、香味成分分析等方法。结果表明，样品经臭氧处理 1.5h 时，烟叶的品质相对较好：香气质显著增加，香气量稍增加；总糖、还原糖含量有所升高，糖碱比增大；香味成分在 O_3 处理 1.5h 时含量稍升高，香味物质提升了 18.3%。

5.2 臭氧处理对河南许昌上部叶内在质量的影响

本节研究了臭氧对河南许昌浓香型上部叶内在质量的影响，主要采用感官评定、常规化学成分分析、香味成分分析等方法。结果表明，样品经臭氧处理 1.5h 时，烟叶的品质相对较好：香气质显著增加，香气量稍增加；总糖、还原糖含量有所升高，糖碱比增大；香味成分总体含量在 O_3 处理 0.5h、1.0h、2.0h 时变化不大，在 O_3 处理 1.5h 时含量稍升高。

试剂与仪器和实验方法同 2.1.1 和 2.1.2。

5.2.1 结果与讨论

5.2.1.1 臭氧对烟叶感官质量的影响

经臭氧处理的烟叶的感官评定结果如表 5.4 所示。臭氧处理 1.5h 时，烟叶的品质相对较好。香气质显著增加，香气量略微升高。

表 5.4　　　　　臭氧处理后河南许昌上部烟叶的感官质量评分

编号	香气质	香气量	浓度	柔细度	余味	杂气	刺激性	劲头	燃烧性	灰色
空白	6.03	6.32	7.00	5.40	6.51	7.01	6.60	大	6.00	6.00
O_3 0.5h	6.02	6.62	7.04	5.51	6.40	7.30	6.65	大	6.00	6.00
O_3 1.0h	6.43	6.59	7.05	5.62	6.43	7.31	6.56	中	6.00	6.00
O_3 1.5h	6.66	6.60	7.03	5.72	6.48	7.30	6.44	中	6.00	6.00
O_3 2.0h	6.31	6.58	7.03	5.51	6.44	7.30	6.46	中	6.00	6.00

5.2.1.2 臭氧处理对烟叶常规化学成分的影响

常规化学成分结果如表 5.5 所示。处理组比空白组总糖、还原糖含量都高，且在处理时间为 1.5h 时含量最高；烟碱含量在处理时间为 1.5h 时降低，其他处理时间点无显著变化。

表 5.5   臭氧处理对河南许昌下部烟叶常规化学成分的影响

编号	总糖含量/%	烟碱含量/%	还原糖含量/%	糖碱比
空白	10.53a	3.01a	9.37a	1.02a
O₃0.5h	12.01b	3.12b	10.57b	1.23b
O₃1.0h	11.96b	2.88c	10.65b	1.11c
O₃1.5h	13.30c	2.63d	11.49c	1.35d
O₃2.0h	15.27d	2.54e	12.21d	1.17b

注：不同的小写字母表示显著性差异

5.2.1.3 臭氧处理对烟叶香味成分的影响

O_3 处理对样品的影响结果如表 5.6 所示。香味成分总体含量在 O_3 处理 0.5h、1.0h、2.0h 时变化不大，在 O_3 处理 1.5h 时含量稍升高，此时香味成分含量（除新植二烯）比空白组含量提高 13.02%，新植二烯的含量略微有所升高，总香味物质提升了 12.1%。

表 5.6   河南许昌下部烟叶臭氧处理前后香味成分的变化   单位：μg/g

中文名	空白	O₃0.5h	O₃1.0h	O₃1.5h	O₃2.0h
苯乙醇	0.72	0.49	—	—	—
苯甲醛	1.15	1.14	1.06	0.97	0.71
苯乙醛	8.05	6.02	7.50	8.60	7.65
芳樟醇	1.01	0.71	0.86	0.95	0.78
螺岩兰草酮	0.81	0.42	0.37	0.41	0.36
二氢猕猴桃内脂	6.80	7.22	8.69	9.25	8.82
新植二烯	378.41	314.07	328.82	426.28	320.45
β-大马酮	10.56	10.71	9.37	11.27	8.62
神经酰丙酮	8.62	9.41	9.46	9.53	—
5-甲基糠醛	2.11	3.46	1.05	1.45	1.50
己酸	0.39	1.16	1.34	1.67	1.35
吲哚	1.69	1.15	1.19	1.31	1.17
苯甲醇	1.96	1.76	1.67	0.97	0.71
棕榈酸	57.94	59.29	58.45	61.47	64.49
棕榈酸甲酯	4.04	3.48	2.87	4.03	3.42
亚油酸甲酯	2.74	2.73	2.69	3.27	2.75

续表

中文名	空白	O₃0.5h	O₃1.0h	O₃1.5h	O₃2.0h
α-大马酮	0.86	0.82	0.83	0.90	0.85
亚油酸	1.55	1.87	1.62	2.16	2.72
二十烷	1.46	1.95	1.10	2.51	2.71
油酸酰胺	3.53	3.41	4.44	6.97	8.73
5-甲基-5庚烯-酮	0.81	1.04	1.08	1.09	0.15
总计	496	433	446	556	448

注："—"表示未检出。

5.2.2 小结

本节研究了臭氧对河南许昌浓香型上部叶内在质量的影响，主要采用感官评定、常规化学成分分析、香味成分分析等方法。结果表明，样品经臭氧处理 1.5h 时，烟叶的品质相对较好：香气质显著增加，香气量稍增加；总糖、还原糖含量有所升高，糖碱比增大；香味成分在 O_3 处理 1.5h 时含量稍升高，香味物质提升了 12.1%。

6

产臭氧紫外辐照对浓香型烟叶内在质量的影响

　　本章利用感官评定、常规化学成分分析、香味成分分析等方法，研究了产臭氧紫外辐照对产自河南许昌的浓香型上部叶、中部叶和下部叶内在质量的影响。结果表明，经产臭氧紫外处理 1.5h 时，上部、中部、下部烟叶的品质均达到最佳。整体来说，产臭氧紫外辐照对浓香型下部叶作用效果最好，糖碱比最大为 12.35，比空白组提升 94.5%，香味物质提升了 11.3%。

6.1　产臭氧紫外辐照对河南许昌下部叶内在质量的影响

　　本节研究了产臭氧紫外辐照处理对浓香型下部烟叶品质的影响，主要采用感官评定、常规化学成分分析、香味成分分析等方法。结果表明，经产臭氧紫外辐照处理 1.5h 时，烟叶的品质相对较好：香气质显著升高，香气量略微升高，烟气柔细度略升高；总糖、还原糖含量有所升高，糖碱比增大，比空白组提升 94.5%；香气成分整体先升高后降低，在产臭氧紫外辐照处理时间为 1.5h 时效果最好，香味物质提升了 11.3%。

　　试剂与仪器和实验方法同 3.1.1 和 3.1.2。

6.1.1　结果与讨论

6.1.1.1　产臭氧紫外辐照对烟叶感官质量的影响

　　经产臭氧紫外辐照处理的烟叶感官评定结果如表 6.1 所示。处理 1.5h 时，烟叶的品质最佳。香气质显著增加，香气量略微有所上升，烟气柔细度略升高。

表 6.1　　　　　产臭氧紫外辐照处理后河南许昌下部烟叶感官质量评分

编号	香气质	香气量	浓度	柔细度	余味	杂气	刺激性	劲头	燃烧性	灰色
空白	5.88	5.77	6.35	5.46	6.55	7.02	7.53	小	6.80	6.50
UV+O₃0.5h	5.89	5.79	6.34	5.49	6.55	7.01	7.52	小	6.80	6.50
UV+O₃1.0h	5.92	5.81	6.35	5.51	6.54	7.03	7.53	小	6.80	6.50
UV+O₃1.5h	5.99	5.96	6.37	5.62	6.56	7.02	7.55	小	6.80	6.50
UV+O₃2.0h	5.92	5.87	6.36	5.58	6.56	7.01	6.52	小	6.80	6.50

6.1.1.2　产臭氧紫外辐照对烟叶常规化学成分的影响

样品经产臭氧紫外辐照处理后，总糖含量都有所升高，且在处理时间为 1.5h 与 2.0h 时含量最高；烟碱含量无显著变化；还原糖含量处理组都比空白组含量高，且在处理时间为 1.5h 与 2.0h 时含量最高；糖碱比经处理后都升高，且在处理时间为 1.5h 与 2.0h 时最大。如表 6.2 所示。

表 6.2　　　　产臭氧紫外辐照处理对河南许昌下部烟叶常规化学成分的影响

编号	总糖含量/%	烟碱含量/%	还原糖含量/%	糖碱比
空白	10.03a	1.58a	9.05a	6.35a
UV+O₃0.5h	11.05b	1.55a	10.58b	7.12b
UV+O₃1.0h	15.26c	1.56a	12.42c	9.78c
UV+O₃1.5h	18.89d	1.53a	14.89d	12.35d
UV+O₃2.0h	19.01d	1.57a	15.00d	12.11d

注：不同的小写字母表示有显著性差异。

6.1.1.3　产臭氧紫外辐照对烟叶香味成分的影响

产臭氧紫外辐照处理对样品香味成分的影响结果如表 6.3 所示。香气成分整体先升高后降低，在产臭氧紫外辐照处理时间为 1.5h 时效果最好，香味物质含量（除新植二烯）比空白组香味物质含量提高 19.84%，新植二烯含量比空白组提高 5.08%，总香味物质提升了 11.3%。

表 6.3　　　　　河南许昌下部烟叶经产臭氧紫外辐照
处理前后香味成分的变化　　　　　　单位：μg/g

名称	空白	UV+O₃0.5h	UV+O₃1.0h	UV+O₃1.5h	UV+O₃2.0h
亚麻酸	22.12	23.15	22.46	24.16	15.14
2-十二烷基二甲酯辛酸	1.88	1.88	1.92	1.99	1.86
正十五酸	2.88	2.85	2.98	3.38	2.90

续表

名称	空白	UV+O₃0.5h	UV+O₃1.0h	UV+O₃1.5h	UV+O₃2.0h
壬酸	0.46	0.49	0.75	0.65	0.72
巨豆三烯酮	28.57	29.47	30.45	34.25	32.44
大马酮	13.22	14.26	14.56	15.25	15.32
(6R,7E,9R)-9-羟基-4,7-巨豆二烯-3-酮	2.50	2.98	3.25	3.91	3.58
香叶基丙酮	3.51	3.20	3.97	4.68	4.05
法尼基丙酮	14.41	15.23	15.87	17.84	16.88
大马士酮	12.78	12.36	12.05	12.06	13.13
苯乙醇	0.58	0.66	0.83	0.97	0.76
S-(Z)-3,7,11-三甲基-1,6,10-十二烷三烯-3-醇	—	—	0.61	0.74	0.89
苯甲醛	1.30	1.64	1.88	1.68	1.74
苯乙醛	6.23	6.84	7.59	7.99	7.06
2-辛基环丙基辛醛	5.44	5.55	6.39	7.96	7.75
2,10-二甲基-9-十一烯醛	3.28	3.62	4.09	5.18	4.92
壬醛	2.45	2.59	2.57	2.49	2.10
癸醛	0.47	0.97	1.00	2.12	2.04
棕榈酸甲酯	4.94	4.88	5.67	5.59	5.17
二氢猕猴桃内酯	4.70	4.82	5.64	5.97	5.36
Z,Z-10,12-六癸二烯-1-醇乙酸酯	—	0.75	0.78	0.83	0.98
邻苯二酸	—	—	—	0.65	0.59
乙酸异戊酯	1.41	1.11	1.56	1.83	1.59
9,12,15-十八烷三烯酸甲酯	4.36	4.86	6.25	6.78	6.66
2,6-二叔丁基对甲酚	0.75	0.81	0.87	0.45	0.39
吲哚	1.07	1.84	1.68	1.99	1.67
2-乙酰基吡咯	1.27	1.56	1.25	1.67	1.59
β-紫罗兰酮	3.99	4.55	4.83	4.11	6.69
异氟尔酮	0.87	0.75	0.56	0.65	0.47
糠醛	4.89	4.58	5.53	5.76	5.80
芳樟醇	0.40	0.44	0.42	0.46	0.49
茄酮	22.65	23.54	23.95	23.73	23.81
新植二烯	236.57	240.59	244.15	248.51	246.59
总计（不含新植二烯）	173.38	182.23	192.21	207.77	194.54

注："—"表示未检出。

6.1.2 小结

本节研究了产臭氧紫外辐照处理对浓香型下部烟叶品质的影响,主要采用感官评定、常规化学成分分析、香味成分分析等方法。结果表明,经产臭氧紫外辐照处理 1.5h 时,烟叶的品质相对较好:香气质显著升高,香气量略微升高,烟气柔细度略升高;总糖、还原糖含量有所升高,糖碱比增大,比空白组提升 94.5%;香气成分整体先升高后降低,在产臭氧紫外辐照处理时间为 1.5h 时效果最好,香味物质提升了 11.3%。

6.2 产臭氧紫外辐照对河南许昌上部叶内在质量的影响

本节研究了产臭氧紫外辐照处理对浓香型上部烟叶品质的影响,主要采用感官评定、常规化学成分分析、香味成分分析等方法。结果表明,样品经产臭氧紫外辐照处理 1.5h 时品质最佳:香气质和香气量明显升高,烟气浓度增大,杂气减少;糖碱比较为适宜,比空白组提升 86.40%;重要香味物质最多,总香味物质提升 11.2%。

试剂与仪器和实验方法同 3.1.1 和 3.1.2。

6.2.1 结果与讨论

6.2.1.1 产臭氧紫外辐照对烟叶感官质量的影响

经产臭氧紫外辐照处理的烟叶感官评定结果如表 6.4 所示。样品处理 1.5h 香气质和香气量明显升高,烟气浓度增大,杂气减少,感官品质最佳。

表 6.4   产臭氧紫外辐照处理后河南许昌上部烟叶的感官质量评分

编号	香气质	香气量	浓度	柔细度	余味	杂气	刺激性	劲头	燃烧性	灰色
空白	6.54	6.60	7.05	5.45	6.51	7.02	6.13	大	6.20	6.10
UV+O$_3$0.5h	6.65	6.71	7.02	5.46	6.54	7.04	6.23	中	6.20	6.10
UV+O$_3$1.0h	6.62	6.65	7.03	5.43	6.48	7.03	6.19	中	6.20	6.10
UV+O$_3$1.5h	6.97	6.89	7.12	5.61	6.50	7.10	6.25	中	6.20	6.10
UV+O$_3$2.0h	6.71	6.50	7.01	5.39	6.39	7.01	6.16	中	6.20	6.10

6.2.1.2 产臭氧紫外辐照对烟叶常规化学成分的影响

样品经产臭氧紫外辐照处理后,各个处理时间总糖和还原糖含量都有所上升,烟碱含量降低,处理时间 1.5h 时糖碱比最高。如表 6.5 所示。

表 6.5   产臭氧紫外辐照处理对河南许昌上部烟叶常规化学成分的影响

编号	总糖含量/%	烟碱含量/%	还原糖含量/%	糖碱比
空白	16.57a	3.05a	11.28a	1.59a
UV+O$_3$0.5h	19.32b	2.75b	15.67b	2.22b
UV+O$_3$1.0h	19.89b	2.69c	17.01c	2.32b
UV+O$_3$1.5h	22.37c	2.63d	18.98d	1.99c
UV+O$_3$2.0h	22.16c	2.78b	18.24d	2.11b

注：不同的小写字母表示有显著性差异。

6.2.1.3   产臭氧紫外辐照对烟叶香味成分的影响

产臭氧紫外辐照处理对样品香味成分的影响结果如表 6.6 所示。经紫外和臭氧同时处理的烟叶，在处理时间 1.5h，香气物质含量最高。

表 6.6   河南许昌上部烟叶经产臭氧紫外辐照处理前后香味成分的变化   单位：μg/g

序号	中文名	空白	UV+O$_3$0.5h	UV+O$_3$1.0h	UV+O$_3$1.5h	UV+O$_3$2.0h
1	苯乙醇	0.82	0.58	—	—	—
2	苯甲醛	1.34	1.24	1.12	1.04	0.80
3	苯乙醛	8.69	6.23	7.75	9.60	8.80
4	芳樟醇	1.08	0.81	1.02	1.03	0.89
5	螺岩兰草酮	0.82	0.46	0.38	0.42	0.39
6	二氢猕猴桃内脂	7.06	7.34	9.52	10.09	8.84
7	新植二烯	448.69	355.09	344.65	495.25	326.40
8	β-大马酮	12.18	11.35	10.59	12.80	10.05
9	神经酰丙酮	8.73	11.27	9.95	10.43	—
10	5-甲基糠醛	2.33	3.49	1.26	1.73	1.57
11	己酸	0.44	1.33	1.58	1.95	1.60
12	吲哚	1.73	1.29	1.27	1.42	1.34
13	苯甲醇	2.32	1.85	1.87	1.05	0.83
14	棕榈酸	62.93	69.77	69.65	70.24	73.07
15	棕榈酸甲酯	4.47	3.56	3.08	4.70	4.01
16	亚油酸甲酯	2.82	2.76	3.12	3.77	3.06

续表

序号	中文名	空白	UV+O$_3$0.5h	UV+O$_3$1.0h	UV+O$_3$1.5h	UV+O$_3$2.0h
17	α-大马酮	1.01	0.95	0.93	1.06	0.94
18	亚油酸	1.85	2.12	1.91	2.30	2.76
19	二十烷	1.57	2.23	1.31	2.78	2.88
20	油酸酰胺	3.93	3.73	4.67	7.01	9.88
21	5-甲基-5庚烯-酮	0.86	1.04	1.28	1.19	0.15
	总计	575.65	488.49	476.91	639.88	458.26

注："—"表示未检出。

6.2.2 小结

本节研究了产臭氧紫外辐照处理对浓香型上部烟叶品质的影响，主要采用感官评定、常规化学成分分析、香味成分分析等方法。结果表明，样品经产臭氧紫外辐照处理1.5h时品质最佳：香气质和香气量明显升高，烟气浓度增大，杂气减少；糖碱比较为适宜；重要香味物质最多。

6.3 产臭氧紫外辐照对河南许昌中部叶内在质量的影响

本节研究了产臭氧紫外辐照处理对浓香型中部烟叶品质的影响，主要采用感官评定、常规化学成分分析、香味成分分析等方法。结果表明，样品经产臭氧紫外辐照处理1.5h品质最佳：香气质和香气量明显升高，烟气浓度增大，杂气减少，感官品质最佳；糖碱比较大；重要香味物质增多，总香味物质提高了5.6%。

试剂与仪器和实验方法同3.1.1和3.1.2。

6.3.1 结果与讨论

6.3.1.1 产臭氧紫外辐照对烟叶感官质量的影响

经产臭氧紫外辐照处理的烟叶感官评定结果如表6.7所示，在样品处理1.5h时，烟叶品质最佳，浓度上升，香气质和香气量增加。

表6.7 产臭氧紫外辐照处理后河南许昌中部烟叶的感官质量评分

编号	香气质	香气量	浓度	柔细度	余味	杂气	刺激性	劲头	燃烧性	灰色
空白	7.15	6.37	6.65	5.85	6.20	7.32	7.01	中	6.30	6.20
UV+O$_3$0.5h	7.16	7.47	7.42	5.84	7.78	7.35	7.01	中	6.30	6.20

续表

编号	香气质	香气量	浓度	柔细度	余味	杂气	刺激性	劲头	燃烧性	灰色
UV+$O_3$1.0h	7.14	7.20	7.87	5.49	6.50	8.10	6.42	中	6.30	6.20
UV+$O_3$1.5h	7.19	7.97	8.51	6.27	6.63	7.30	7.04	中	6.30	6.20
UV+$O_3$2.0h	7.16	7.07	8.35	5.82	6.54	7.85	7.15	中	6.30	6.20

6.3.1.2 产臭氧紫外辐照对烟叶常规化学成分的影响

样品经产臭氧紫外辐照处理后，经紫外与臭氧同时处理后，总糖和还原糖含量有小幅度上升，处理时间1.5h时糖碱比较高。如表6.8所示。

表6.8　　　　　产臭氧紫外辐照处理对河南许昌中部烟叶常规化学成分的影响

编号	总糖含量/%	烟碱含量/%	还原糖含量/%	糖碱比
空白	18.23a	2.85a	13.21a	2.01a
UV+$O_3$0.5h	17.52b	2.89a	13.45a	1.63b
UV+$O_3$1.0h	17.31b	2.75b	13.10a	1.65b
UV+$O_3$1.5h	18.65a	2.91c	14.22b	1.60b
UV+$O_3$2.0h	16.59c	2.88a	12.89c	1.68b

注：不同的小写字母表示有显著性差异。

6.3.1.3 产臭氧紫外辐照对烟叶香味成分的影响

香气成分整体呈现上升趋势，在处理时间1.5h香味物质总量最高。如表6.9所示。

表6.9　　　　　河南许昌中部烟叶经产臭氧紫外辐照处理前后
香味成分的变化　　　　　单位：μg/g

序号	中文名	空白	UV+$O_3$0.5h	UV+$O_3$1.0h	UV+$O_3$1.5h	UV+$O_3$2.0h
1	亚麻酸	20.06	27.03	31.53	30.81	39.23
2	2-十二烷基二甲酯辛酸	1.76	0.94	0.79	—	—
3	正十五酸	3.10	5.23	4.38	4.40	4.67
4	壬酸	0.43	1.18	1.63	2.02	2.21
5	巨豆三烯酮	27.87	26.36	21.15	21.12	28.73
6	大马酮	14.28	16.33	16.16	13.40	15.43

续表

序号	中文名	空白	UV+O₃0.5h	UV+O₃1.0h	UV+O₃1.5h	UV+O₃2.0h
7	(6R,7E,9R)-9-羟基-4,7-巨豆二烯-3-酮	2.61	3.21	3.48	3.53	3.39
8	香叶基丙酮	3.80	3.35	3.63	3.25	4.00
9	法尼基丙酮	15.84	16.69	16.24	14.78	13.79
10	大马士酮	12.54	13.88	13.37	15.33	13.33
11	苯乙醇	0.60	—	—	—	—
12	S-(Z)-3,7,11-三甲基-1,6,10-十二烷三烯-3-醇	—	—	1.38	1.97	2.43
13	苯甲醛	1.39	0.53	0.49	0.42	0.45
14	苯乙醛	6.34	5.27	6.43	6.31	5.79
15	2-辛基环丙基辛醛	5.29	3.25	2.98	8.42	6.55
16	2,10-二甲基-9-十一烯醛	3.50	2.24	3.05	3.12	3.32
17	壬醛	2.69	1.71	1.89	4.23	3.92
18	癸醛	0.42	0.66	0.93	1.37	1.78
19	棕榈酸甲酯	4.45	4.84	3.27	5.29	6.82
20	二氢猕猴桃内酯	4.57	4.68	5.06	4.73	5.38
21	Z,Z-10,12-六癸二烯-1-醇乙酸酯	—	0.29	3.21	4.00	3.70
22	邻苯二酸	—	0.85	1.42	1.78	1.58
23	乙酸异戊酯	1.49	1.44	1.53	1.22	1.45
24	9,12,15-十八烷三烯酸甲酯	3.99	4.30	5.25	5.35	5.45
25	2,6-二叔丁基对甲酚	0.80	0.96	0.99	0.23	—
26	吲哚	1.07	1.03	1.00	1.04	1.28
27	2-乙酰基吡咯	1.19	0.76	1.35	1.24	1.36
28	β-紫罗兰酮	3.86	3.19	4.70	4.92	4.42
29	异氟尔酮	0.81	0.55	0.59	0.94	1.05
30	糠醛	5.08	4.82	4.84	4.79	4.87
31	芳樟醇	0.38	0.68	1.00	1.33	0.91
32	茄酮	21.02	24.45	22.39	23.80	26.33
33	新植二烯	251.07	214.91	254.12	250.83	258.91
	总计（不含新植二烯）	171.26	180.71	184.70	195.13	188.06

注："—"表示未检出。

6.3.2　小结

本节研究了产臭氧紫外辐照处理对浓香型中部烟叶品质的影响,主要采用感官评定、常规化学成分分析、香味成分分析等方法。结果表明,样品经产臭氧紫外辐照处理 1.5h 时品质最佳:香气质和香气量明显升高,烟气浓度增大,杂气减少,感官品质最佳;糖碱比较大,比空白组增加了 0.12%;重要香味物质增多,比空白组增加了 5.6%。

第3部分 Part 3
紫外辐照对清香型烟叶内在质量的影响

本部分研究表明，不产臭氧紫外辐照对清香型烟叶处理 2.0h 效果较好，臭氧处理对浓间香型烟叶处理 0.5h 效果好，产臭氧紫外处理 0.5~1.5h 可达到最优效果。不产臭氧紫外辐照对清香型的上部叶作用显著，糖碱比最大为 9.94，比空白组提升 63.2%，香味物质提升 21%。臭氧处理对清香型的上部叶作用明显，糖碱比为 9.03，比空白组提升 48.3%，香味物质提升 2.7%。产臭氧紫外辐照对清香型的上部叶（糖碱比为 10.48，比空白组提升 72.1%）比中部叶（糖碱比为 7.92，比空白组提升 19.3%）和下部叶（糖碱比为 8.80，比空白组提升 14.4%）效果好，香味物质提升幅度为 7.5%。

7

不产臭氧紫外辐照对清香型烟叶内在质量的影响

本章利用感官评定、常规化学成分分析、香味成分分析等方法，研究了不产臭氧紫外辐照对产自云南曲靖的清香型上部叶内在质量的影响。结果表明，经不产臭氧紫外处理 2.0h 时，上部烟叶的品质达到最佳。糖碱比为 9.94，比空白组提升 63.2%，总香味物质提高了 21%。

不产臭氧紫外辐照对云南曲靖上部叶内在质量的影响。

本节利用感官评定、常规化学成分分析、香味成分分析等方法，研究了不产臭氧紫外辐照对产自 2015 年云南曲靖的清香型上部叶内在质量的影响。结果表明，经 UV 处理 2.0h 时烟叶的品质最佳：糖碱比适宜为 9.94，比空白组提升 63.2%；香气质和香气量都有较大提升，杂气减少，烟气浓度升高，劲头适中；不产臭氧紫外辐照处理时间为 1.5h 香味物质总量最高，比空白组提高了 21%。

试剂与仪器和实验方法同 1.1.1 和 1.1.2。

7.1　结果与讨论

7.1.1　不产臭氧紫外辐照对烟叶感官质量的影响

经不产臭氧紫外辐照的烟叶的感官评定结果如表 7.1 所示。处理 0.5h 和 2.0h 时，烟叶吸食时香气量较为充足，劲头中等，整体上来看，处理时间 2.0h 时卷烟的吸食品质最佳。

表 7.1　　　　不产臭氧紫外辐照处理后云南曲靖上部烟叶感官质量评分

编号	香气质	香气量	浓度	柔细度	余味	杂气	刺激性	劲头	燃烧性	灰色
空白	5.0	5.0	5.1	—	5.0	5.7	5.4	大	6.3	5.4
UV0.5h	5.7	5.9	5.9	—	6.0	5.0	6.4	中	6.9	5.2

续表

编号	香气质	香气量	浓度	柔细度	余味	杂气	刺激性	劲头	燃烧性	灰色
UV1.0h	5.2	5.3	5.2	—	5.1	5.3	6.6	大	6.2	5.4
UV1.5h	5.5	5.7	5.4	—	5.2	5.1	5.1	大	4.1	5.0
UV2.0h	6.6	6.8	6.7	—	6.9	4.4	6.8	中	6.4	4.2

7.1.2 不产臭氧紫外辐照处理对烟叶常规化学成分的影响

常规化学成分如表 7.2 所示。经不产臭氧紫外处理后，与对照相比，总糖和还原糖含量除处理时间 1.5h 外，其余各处理均有不同程度的升高，其中处理时间为 2.0h 时总糖和还原糖含量最高，分别为 25.87% 和 20.41%；除处理时间 1.0h 烟碱含量无明显变化，其余各处理烟碱含量均有不同程度的降低，在处理时间 2.0h 时含量最低；从化学比值来看，在处理时间 0.5h 时钾氯比最高为 3.33，处理时间 2.0h 的糖碱比最高，为 9.94。说明在紫外辐照处理时间为 2.0h 时，对烟叶的化学成分的含量和协调性提升最大。

表 7.2   不产臭氧紫外辐照处理对云南曲靖上部烟叶常规化学成分的影响

编号	总糖含量/%	烟碱含量/%	还原糖含量/%	钾含量/%	氯含量/%	糖碱比
空白	18.27a	3.01a	14.64a	1.58a	0.54a	6.09a
UV0.5h	21.65b	2.73b	15.91b	1.53a	0.46b	7.94b
UV1.0h	19.30c	3.01a	15.02b	1.60a	0.55a	6.42a
UV1.5h	18.23a	2.72b	14.01b	1.40b	0.57a	6.71c
UV2.0h	25.87d	2.60b	20.41b	1.52a	0.51a	9.94d

注：不同的小写字母表示显著性差异。

7.1.3 不产臭氧紫外辐照处理对烟叶香味成分的影响

不产臭氧紫外辐照处理对样品香味成分的影响如表 7.3 所示，除处理时间 1.0h 香味物质总量无明显变化外，其余各处理都有不同程度的提高，以处理时间 1.5h 香味物质总量最高，其次是处理时间 2.0h。就单个成分来说，经紫外辐射样品的 α-大马酮、β-大马酮、香叶基丙酮、植酮、巨豆三烯酮、芳樟醇、棕榈酸甲酯含量都有增加。其中 α-大马酮、β-大马酮、香叶基丙酮、巨豆三烯酮属于类胡萝卜素类产物。新植二烯是烟草中含量最多的香气物质，直接影响了烟叶的吃味和香气，结果表明，处理时间 0.5h、1.5h 和 2.0h 的新植二烯含量与对照相比有了明显的提升。

表 7.3   云南曲靖上部烟叶不产臭氧紫外处理前后香味成分的变化   单位：μg/g

中文名	空白	UV0.5h	UV1.0h	UV1.5h	UV2.0h
苯甲醛	0.25	0.21	0.67	0.74	0.38
苯乙醛	10.44	11.54	10.55	10.81	9.29
苯甲醇	4.49	4.23	4.79	4.04	3.13
苯乙醇	3.97	3.87	3.98	4.06	3.83
茄酮	24.45	26.35	24.14	27.36	24.35
α-大马酮	0.67	0.75	0.78	0.84	0.78
β-大马酮	11.19	12.37	12.01	12.31	11.63
香叶基丙酮	1.66	1.82	1.70	1.81	1.73
亚麻酸甲酯	13.48	15.87	12.60	16.63	12.69
亚油酸甲酯	6.13	7.15	6.50	7.77	5.67
植酮	4.90	6.49	5.70	6.25	7.56
巨豆三烯酮	26.30	28.85	31.43	33.32	30.78
芳樟醇	1.09	1.21	1.16	1.21	1.13
棕榈酸甲酯	8.26	8.81	8.39	9.23	9.23
棕榈酸	0.67	0.92	1.38	0.65	0.50
2-乙酰基吡咯	3.55	2.73	2.90	2.73	2.13
3-羟基-β-二氢大马酮	2.19	2.95	2.15	2.52	2.30
4-乙烯基愈创木酚	3.88	5.70	4.52	3.11	3.07
二氢猕猴桃内酯	5.37	5.61	5.33	5.47	5.38
螺岩兰草酮	4.07	3.85	3.98	3.51	2.77
藏红花醛	0.19	0.13	0.20	0.22	0.24
小计	137.20	151.39	144.87	154.59	138.59
新植二烯	383.99	441.01	368.37	475.90	474.11
总计	521.19	592.40	513.24	630.49	612.70

7.2 小   结

本节利用感官评定、常规化学成分分析、香味成分分析等方法，研究了

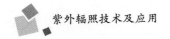

不产臭氧紫外辐照对产自 2015 年云南曲靖的清香型上部叶内在质量的影响。结果表明，经 UV 处理 2.0h 时烟叶的品质最佳：糖碱比适宜；香气质和香气量都有较大提升，杂气减少，烟气浓度升高，劲头适中；不产臭氧紫外辐照处理时间为 1.5h 香味物质总量最高，比空白组提高了 21%。

8
臭氧处理对清香型烟叶内在质量的影响

本章利用感官评定、常规化学成分分析、香味成分分析等方法，研究了臭氧处理对产自云南曲靖的清香型上部叶内在质量的影响。结果表明，经不产臭氧紫外处理 0.5h 时，上部烟叶的品质达到最佳。糖碱比为 9.03，比空白组提升 48.3%，香味物质提高了 2.7%。

臭氧处理对云南曲靖上部叶内在质量的影响

本节利用感官评定、常规化学成分分析、香味成分分析等方法，研究了臭氧处理对产自 2015 年云南曲靖的清香型上部叶内在质量的影响。结果表明，经臭氧处理 0.5h 时烟叶的品质最佳：香气提升，杂气降低，烟气醇和；糖碱比较为适宜为 9.03，比空白组提升 48.3%，香味物质提高了 2.7%。

试剂与仪器和实验方法同 2.1.1 和 2.1.2。

8.1　结果与讨论

8.1.1　臭氧对烟叶感官质量的影响

样品经臭氧处理后，吸食品质都有所提升，处理 0.5h 时香气质和香气量提升最大，烟气浓度也有较大提升，杂气明显减少。如表 8.1 所示。

表 8.1　　　　　　　　　臭氧处理后云南曲靖上部烟叶感官质量评分

编号	香气质	香气量	浓度	柔细度	余味	杂气	刺激性	劲头	燃烧性	灰色
空白	5.0	5.0	5.1	—	5.0	5.7	5.4	大	6.3	5.4
$O_3 0.5h$	6.5	6.8	6.6	—	6.7	4.4	5.7	中	5.8	4.7
$O_3 1.0h$	5.8	5.9	6.1	—	6.0	4.7	5.9	中	6.8	4.5
$O_3 1.5h$	5.9	6.5	6.3	—	6.1	4.4	5.3	中	6.0	5.1
$O_3 2.0h$	5.8	6.0	6.2	—	6.1	4.5	6.0	中	5.5	5.9

8.1.2　臭氧处理对烟叶常规化学成分的影响

常规化学成分结果如表 8.2 所示。总糖和还原糖含量均有所增加，随着处理时间的增加，两糖含量呈现先下降后上升然后下降的趋势，处理 0.5h 时总糖含量最高和处理 1.5h 的还原糖含量最高，分别为 23.51% 和 18.34%；各个处理烟碱的含量均低于对照，随着处理时间的增加，烟碱含量呈现先上升后下降的趋势，在处理时间 2.0h 时烟碱含量最低为 2.34%；从化学比值来看，在处理时间 1.0h 时钾氯比最高为 3.17，燃烧性相对较好；从糖碱比可以看出，各个处理均高于对照组，处理时间 0.5h 时糖碱比最佳，为 9.87。

表 8.2　　　　　　臭氧处理对云南曲靖上部烟叶常规化学成分的影响

编号	总糖含量/%	烟碱含量/%	还原糖含量/%	钾含量/%	氯含量/%	糖碱比
空白	18.27a	3.01a	14.64a	1.58a	0.54a	6.09a
$O_3$0.5h	23.51b	2.38b	17.64b	1.45a	0.52a	9.87b
$O_3$1.0h	21.59c	2.51b	17.48b	1.36b	0.43b	8.62c
$O_3$1.5h	22.54c	2.50b	18.34c	1.36b	0.47a	9.03c
$O_3$2.0h	20.28d	2.34b	15.90d	1.26c	0.47a	8.67c

注：不同的小写字母表示显著性差异。

8.1.3　臭氧处理对烟叶香味成分的影响

O_3 处理对烟叶香味成分的影响结果如表 8.3 所示。经臭氧处理后，苯甲醛、β-大马酮、香叶基丙酮、亚麻酸甲酯的含量都有所上升；处理时间在 0.5h、1.0h 的烟叶二氢猕猴桃内酯、棕榈酸、芳樟醇、巨豆三烯酮、亚油酸甲酯、苯乙醛、苯甲醇和苯乙醇等香味物质有所增加。处理时间 1.0h 时香味物质总量最高，为 535.45μg/g，比空白组提高了 2.7%。

表 8.3　　　云南曲靖上部烟叶臭氧处理前后香味成分的变化　　　单位：μg/g

中文名	空白	$O_3$0.5h	$O_3$1.0h	$O_3$1.5h	$O_3$2.0h
苯甲醛	0.25	0.76	0.96	0.59	0.68
苯乙醛	10.44	10.53	10.55	7.99	9.16
苯甲醇	4.49	5.93	5.91	3.69	3.77
苯乙醇	3.97	4.43	4.67	3.41	3.42
茄酮	24.45	25.39	26.63	22.97	27.24
α-大马酮	0.67	0.71	0.68	0.64	0.67

续表

中文名	空白	O₃0.5h	O₃1.0h	O₃1.5h	O₃2.0h
β-大马酮	11.19	12.10	12.43	12.10	12.34
香叶基丙酮	1.66	2.05	2.24	2.04	2.24
亚麻酸甲酯	13.48	17.69	16.34	13.67	15.10
亚油酸甲酯	6.13	8.41	7.06	5.53	6.10
植酮	4.90	4.72	5.94	5.17	5.11
巨豆三烯酮	26.30	27.92	28.52	25.87	25.31
芳樟醇	1.09	1.14	1.15	1.03	1.16
棕榈酸甲酯	8.26	8.81	8.00	7.37	8.24
棕榈酸	0.67	4.02	2.92	0.75	0.65
2-乙酰基吡咯	3.55	3.26	3.93	0.30	2.17
3-羟基-β-二氢大马酮	2.19	2.14	2.87	0.99	1.14
4-乙烯基愈创木酚	3.88	3.27	3.69	1.04	2.15
二氢猕猴桃内酯	5.37	5.98	6.88	4.06	5.51
螺岩兰草酮	4.07	2.78	4.71	3.34	2.41
藏红花醛	0.19	0.36	0.37	0.20	0.38
小计	137.20	152.39	156.47	122.76	134.96
新植二烯	383.99	281.26	378.98	339.46	351.03
总计	521.19	433.65	535.45	462.22	485.99

8.2　小　结

　　本节利用感官评定、常规化学成分分析、香味成分分析等方法，研究了臭氧处理对产自 2015 年云南曲靖的清香型上部叶内在质量的影响。结果表明，经臭氧处理 0.5h 时烟叶的品质最佳：香气提升，杂气降低，烟气醇和；糖碱比较为适宜为 9.03，比空白组提升 48.3%，香味物质提高了 2.7%。

9

产臭氧紫外辐照对清香型烟叶内在质量的影响

本章利用感官评定、常规化学成分分析、香味成分分析等方法，研究了产臭氧紫外辐照对产自云南曲靖的清香型上部叶、中部叶和下部叶内在质量的影响。结果表明，经产臭氧紫外处理 0.5h 时，上部叶的品质达到最佳；处理 1.5h 时，下部叶品质最佳；处理 1.0h 时，中部叶品质较好。整体来说，产臭氧紫外辐照对清香型上部叶作用效果最好，糖碱比最大为 10.48，比空白组提升 72.1%，香味物质提高了 7.5%。

9.1 产臭氧紫外辐照对云南曲靖上部叶内在质量的影响

本节利用感官评定、常规化学成分分析、香味成分分析等方法，研究了产臭氧紫外辐照对产自 2015 年云南曲靖的清香型上部叶内在质量的影响。结果表明，经产臭氧紫外辐照处理 0.5h 时烟叶的品质最佳：气质和香气量升高；糖碱比最大为 10.48，比空白组提升 72.1%，香味物质提高了 7.5%。

试剂与仪器和实验方法同 3.1.1 和 3.1.2。

9.1.1 结果与讨论

9.1.1.1 产臭氧紫外辐照对烟叶感官质量的影响

如表 9.1 所示，在处理 1.0h 时烟叶品质最佳。处理时间 0.5h 和 1.0h 时香气质和香气量以及烟气浓度提升较大，杂气明显降低，但处理时间 0.5h 时劲头较小。

表 9.1 　　产臭氧紫外辐照处理后云南曲靖上部烟叶感官质量评分

编号	香气质	香气量	浓度	柔细度	余味	杂气	刺激性	劲头	燃烧性	灰色
空白	5.0	5.0	5.1	—	5.0	5.7	5.4	大	6.3	5.4
UV+O₃0.5h	6.7	6.8	6.8	—	7.0	4.3	6.5	小	5.0	5.8

续表

编号	香气质	香气量	浓度	柔细度	余味	杂气	刺激性	劲头	燃烧性	灰色
UV+O$_3$1.0h	6.0	6.7	6.4	—	6.4	4.4	5.8	中	5.6	4.3
UV+O$_3$1.5h	5.7	5.8	5.4	—	5.4	5.1	5.6	大	4.9	6.0
UV+O$_3$2.0h	5.0	5.1	5.2	—	5.1	5.5	6.5	大	5.9	5.8

9.1.1.2　产臭氧紫外辐照对烟叶常规化学成分的影响

常规化学成分结果如表9.2所示。经产臭氧紫外辐照处理后，除处理时间2.0h其余处理都高于对照，在处理时间0.5h总糖和还原糖含量最高，为26.95%和20.40%，差异达到了显著性水平；在处理时间0.5h时的烟碱含量最低，为2.57；就化学比值而言，钾氯比在处理时间2.0h时最高为2.83；糖碱比都高于对照，在处理时间0.5h时最高，为10.48，达到了显著性水平。

表9.2　　　　　产臭氧紫外辐照处理对云南曲靖上部烟叶常规化学成分的影响

编号	总糖含量/%	烟碱含量/%	还原糖含量/%	钾含量/%	氯含量/%	糖碱比
空白	18.27a	3.01a	14.64a	1.58a	0.54a	6.09a
UV+O$_3$0.5h	26.95b	2.57b	20.40b	1.35b	0.52a	10.48b
UV+O$_3$1.0h	24.41c	2.69b	18.44c	1.29b	0.46b	9.05c
UV+O$_3$1.5h	20.18c	2.64b	15.56a	1.27b	0.50a	7.63c
UV+O$_3$2.0h	17.72a	2.81b	14.79a	1.38b	0.49a	6.32a

注：不同的小写字母表示显著性差异。

9.1.1.3　产臭氧紫外辐照对烟叶香味成分的影响

产臭氧紫外辐照处理对样品香味成分的影响结果如表9.3所示。在处理时间1.0h时香气物质总量最高，达到了560.25μg/g，此时的新植二烯的含量也最高。

表9.3　　　　　云南曲靖上部烟叶经产臭氧紫外辐照处理

前后香味成分的变化　　　　　　　单位：μg/g

中文名	空白	UV+O$_3$0.5h	UV+O$_3$1.0h	UV+O$_3$1.5h	UV+O$_3$2.0h
苯甲醛	0.25	0.70	0.41	0.47	0.61
苯乙醛	10.44	9.79	9.58	6.86	8.48
苯甲醇	4.49	5.26	4.24	1.96	3.80

续表

中文名	空白	UV+O₃0.5h	UV+O₃1.0h	UV+O₃1.5h	UV+O₃2.0h
苯乙醇	3.97	4.27	4.12	2.54	3.40
茄酮	24.45	24.27	28.16	23.40	24.38
α-大马酮	0.67	0.86	0.82	0.66	0.83
β-大马酮	11.19	11.90	13.21	9.65	11.52
香叶基丙酮	1.66	2.36	2.17	1.98	2.14
亚麻酸甲酯	13.48	9.36	16.63	7.81	7.81
亚油酸甲酯	6.13	4.17	7.67	3.66	3.41
植酮	4.90	4.31	5.47	4.79	5.56
巨豆三烯酮	26.30	26.48	30.52	23.05	27.79
芳樟醇	1.09	1.17	1.03	0.93	0.95
棕榈酸甲酯	8.26	5.69	9.18	5.35	5.25
棕榈酸	0.67	0.83	2.82	0.21	0.17
2-乙酰基吡咯	3.55	1.93	2.43	0.62	2.36
3-羟基-β-二氢大马酮	2.19	0.99	1.90	0.76	0.96
4-乙烯基愈创木酚	3.88	3.26	3.14	1.57	2.74
二氢猕猴桃内酯	5.37	4.66	5.97	3.52	4.02
螺岩兰草酮	4.07	3.30	4.19	3.46	3.22
藏红花醛	0.19	0.30	0.15	0.16	0.35
小计	137.20	125.86	153.82	103.41	119.75
新植二烯	383.99	282.60	406.43	299.40	318.95
总计	521.19	408.47	560.25	402.81	438.70

注："—"表示未检出。

9.1.2 小结

本节利用感官评定、常规化学成分分析、香味成分分析等方法，研究了产臭氧紫外辐照对产自2015年云南曲靖的清香型上部叶内在质量的影响。结果表明，经产臭氧紫外辐照处理0.5h时烟叶的品质最佳：气质和香气量升高；糖碱最大为10.48，比空白组提升72.1%；香味物质提高了7.5%。

9.2 产臭氧紫外辐照对云南曲靖中部叶内在质量的影响

本节利用感官评定、常规化学成分分析、香味成分分析等方法，研究了产臭氧紫外辐照对产自 2015 年云南曲靖的清香型中部叶内在质量的影响。结果表明，经产臭氧紫外辐照处理 1.0h 时烟叶的品质最佳：香气质升高，香气量升高；糖碱比最大为 7.92，比空白组提升 19.3%，香味物质提高了 9.7%。

试剂与仪器和实验方法同 3.1.1 和 3.1.2。

9.2.1 结果与讨论

9.2.1.1 产臭氧紫外辐照对烟叶感官质量的影响

经产臭氧紫外辐照处理的烟叶感官评定结果如表 9.4 所示。处理 2.0h，烟叶品质最佳，香气质升高，香气量升高。

表 9.4　　　　产臭氧紫外辐照处理后云南曲靖中部烟叶感官质量评分

编号	香气质	香气量	浓度	柔细度	余味	杂气	刺激性	劲头	燃烧性	灰色
空白	8.32	7.52	7.47	6.44	7.76	8.17	8.03	中	6.5	6.5
UV+$O_3$0.5h	8.51	6.96	7.64	6.17	7.58	7.41	7.69	中	6.5	6.5
UV+$O_3$1.0h	7.75	7.36	6.81	5.88	7.02	8.22	8.18	中	6.5	6.5
UV+$O_3$1.5h	8.01	6.99	6.84	6.61	7.35	8.35	7.49	中	6.5	6.5
UV+$O_3$2.0h	8.50	7.91	7.25	6.02	7.77	8.70	7.52	中	6.5	6.5

9.2.1.2 产臭氧紫外辐照对烟叶常规化学成分的影响

常规化学成分结果如表 9.5 所示。经产臭氧紫外辐照后，各个处理时间的总糖和还原糖的含量都提升，烟碱含量下降，糖碱比升高，在处理时间 1.0h 时处理最好。

表 9.5　　　　产臭氧紫外辐照对云南曲靖中部烟叶常规化学成分的影响

编号	总糖含量/%	烟碱含量/%	还原糖含量/%	钾含量/%	氯含量/%	糖碱比
空白	19.20a	2.89a	16.52a	1.75a	0.61a	6.64a
UV+$O_3$0.5h	20.10b	2.75b	17.63b	1.83b	0.60a	7.31b
UV+$O_3$1.0h	21.22c	2.68c	18.68c	1.77a	0.61a	7.92c
UV+$O_3$1.5h	20.89b	2.74b	17.54b	1.84b	0.59a	7.62b
UV+$O_3$2.0h	19.93a	2.77b	16.65a	1.79a	0.58a	7.19b

注：不同的小写字母表示显著性差异。

9.2.1.3 产臭氧紫外辐照对烟叶香味成分的影响

产臭氧紫外辐照对香味成分的影响结果如表 9.6 所示。经紫外和臭氧同时处理的烟叶，在处理时间 1.0h 时香味物质总量较高。

表 9.6　云南曲靖中部烟叶产臭氧紫外辐照前后香味成分的变化　单位：μg/g

名称	空白	$UV+O_3$0.5h	$UV+O_3$1.0h	$UV+O_3$1.5h	$UV+O_3$2.0h
苯甲醛	1.62	1.67	1.68	1.69	1.81
苯乙醛	2.38	2.86	3.39	5.25	5.64
芳樟醇	0.77	1.26	1.51	2.45	2.37
苯乙醇	3.76	3.46	3.13	3.32	3.76
β-大马酮	3.90	3.89	3.36	3.15	3.82
二氢猕猴桃内酯	13.64	13.91	13.30	12.68	12.33
巨豆三烯酮	77.45	90.28	77.27	82.20	92.96
3-羟基-β-半大马酮	8.31	8.94	9.67	8.39	8.52
β-紫罗兰酮	4.01	4.34	4.13	4.14	4.00
正二十六烷	2.44	—	—	2.05	2.52
乙酸苯甲酯	0.88	0.93	1.07	1.01	0.80
β-二氢大马酮	1.04	0.89	1.09	1.17	1.22
香叶基丙酮	2.95	3.70	4.35	4.87	4.87
乙酰吡咯	0.36	0.46	0.47	0.69	0.80
1,2,3,4-四甲基萘	—	—	0.53	0.69	—
茄酮	20.43	20.18	21.94	23.08	19.80
6-甲基-5-庚烯-2-醇	0.88	0.30	0.14	—	—
十六酸乙酯	1.94	1.84	2.16	1.90	2.59
4-（3-羟基-1-丁基）-3,5,5-三甲基-2-环己烯-1-酮	—	—	1.15	—	1.47
糠醛	4.65	4.52	5.93	5.76	5.98
糠醇	9.75	11.55	10.87	12.53	11.55
β-二氢大马酮	2.25	2.23	2.53	1.93	2.61
二十烷	5.25	4.77	4.22	3.08	3.03
1,2,3,4-四氢-1,1,6-三甲基萘	1.80	—	—	1.48	2.20

续表

名称	空白	UV+O₃0.5h	UV+O₃1.0h	UV+O₃1.5h	UV+O₃2.0h
5-甲基糠醛	5.17	5.80	6.16	8.02	8.56
6-甲基-5-庚烯-2-酮	1.70	1.88	1.65	1.57	1.85
异戊酸	0.23	0.22	0.14	0.46	0.23
2-乙酰呋喃	0.52	0.50	0.51	0.62	0.56
苯甲醇	36.42	41.09	47.14	52.75	47.89
苯乙酮	18.08	18.47	18.52	17.97	16.70
异氟尔酮	0.95	0.99	1.18	1.75	1.91
氧化异氟尔酮	0.60	0.73	0.53	0.58	0.56
1,2-甲基十四酸	0.65	0.64	0.83	0.73	0.71
2-乙酰基吡咯	0.40	0.55	0.24	0.31	0.32
2,3-二甲基吡嗪	0.09	0.12	0.23	0.13	0.12
新植二烯	321.40	314.83	354.80	382.83	336.82
总计（新植二烯除外）	235.26	252.99	251.03	268.41	274.08

注："—"表示未检出。

9.2.2 小结

本节研究了产臭氧紫外辐照处理对 2015 年云南曲靖中部叶品质的影响，经感官评定、常规化学成分分析、香味成分分析，结果表明：处理 1.0h 时，烟叶品质提升较大；糖碱比最大为 7.92，比空白组提升 19.3%，香味物质提高了 9.7%。

9.3　产臭氧紫外辐照对云南曲靖下部叶内在质量的影响

本节利用感官评定、常规化学成分分析、香味成分分析等方法，研究了产臭氧紫外辐照对产自 2015 年云南曲靖的清香型下部叶内在质量的影响。结果表明，经产臭氧紫外辐照处理 1.5h 时烟叶的品质最佳：香气质升高，香气量升高；糖碱比合适，为 8.80，比空白组提高了 14.4%；烟碱下降，燃烧性略有增强；处理 1.5h 时香味物质总量最高，比空白组提高了 2.8%。

试剂与仪器和实验方法同 3.1.1 和 3.1.2。

9.3.1 结果与讨论

9.3.1.1 产臭氧紫外辐照对烟叶感官质量的影响

经产臭氧紫外辐照处理的烟叶感官评定结果如表 9.7 所示。处理 1.5h 时，烟叶品质最佳。

表 9.7　　　　产臭氧紫外辐照处理后云南曲靖下部烟叶感官质量评分

编号	香气质	香气量	浓度	柔细度	余味	杂气	刺激性	劲头	燃烧性	灰色
空白	6.24	5.78	5.80	5.55	6.59	7.44	8.27	小	6.9	6.8
UV+$O_3$0.5h	5.89	5.42	6.30	5.10	6.23	7.25	7.22	小	6.9	6.8
UV+$O_3$1.0h	5.88	5.71	6.26	5.43	6.74	6.93	7.55	小	6.9	6.8
UV+$O_3$1.5h	6.54	6.18	6.76	6.15	6.67	7.42	8.01	小	6.9	6.8
UV+$O_3$2.0h	5.53	6.32	6.00	5.45	6.85	7.19	7.13	小	6.9	6.8

9.3.1.2 产臭氧紫外辐照对烟叶常规化学成分的影响

常规化学成分结果如表 9.8 所示。经产臭氧紫外辐照处理后，各个处理的两糖含量略有上升，烟碱下降，燃烧性略有增强。

表 9.8　　　　产臭氧紫外辐照处理对云南曲靖下部烟叶常规化学成分的影响

编号	总糖含量/%	烟碱含量/%	还原糖含量/%	钾含量/%	氯含量/%	糖碱比
空白	15.45a	2.01a	11.65a	1.99a	0.47a	7.69a
UV+$O_3$0.5h	16.50b	1.95a	12.61b	2.01a	0.46a	8.46b
UV+$O_3$1.0h	17.01b	1.89b	13.03b	2.02a	0.45a	9.00b
UV+$O_3$1.5h	17.52c	1.99a	13.44c	2.01a	0.47a	8.80b
UV+$O_3$2.0h	16.89b	1.88b	12.93b	1.98a	0.50a	8.98b

注：不同的小写字母表示显著性差异。

9.3.1.3 产臭氧紫外辐照对烟叶香味成分的影响

产臭氧紫外辐照处理对香味成分的影响结果如表 9.9 所示，经产臭氧紫外辐照处理的烟叶，在处理时间 1.5h 时香味物质总量较高，处理时间 1.0h 时新植二烯含量较高。

表 9.9　　　　云南曲靖下部烟叶经产臭氧紫外辐照处理
前后香味成分的变化　　　　　　单位：µg/g

中文名	UV+$O_3$0.5h	UV+$O_3$1.0h	UV+$O_3$1.5h	UV+$O_3$2.0h	UV+$O_3$0.5h
亚麻酸	23.99	23.34	25.31	26.94	23.52
2-十二烷基二甲酯辛酸	1.94	1.19	1.60	1.36	1.54

续表

中文名	UV+O$_3$0.5h	UV+O$_3$1.0h	UV+O$_3$1.5h	UV+O$_3$2.0h	UV+O$_3$0.5h
正十五酸	3.15	3.98	2.87	3.83	4.52
壬酸	0.50	0.46	0.59	1.74	2.21
巨豆三烯酮	26.45	25.09	30.44	32.78	26.34
大马酮	12.64	13.23	13.90	15.72	14.32
(6R,7E,9R)-9-羟基-4,7-巨豆二烯-3-酮	2.48	2.62	5.21	5.03	3.85
香叶基丙酮	3.16	3.45	4.19	3.42	4.06
法尼基丙酮	14.90	16.79	17.69	16.39	17.32
大马士酮	12.13	12.60	13.27	15.01	12.88
苯乙醇	0.52	0.54	0.42	0.59	0.80
S-(Z)-3,7,11-三甲基-1,6,10-十二烷三烯-3-醇	—	0.31	1.96	2.62	1.83
苯甲醛	1.25	0.39	0.79	0.57	0.76
苯乙醛	6.36	6.28	5.98	5.54	6.81
2-辛基环丙基辛醛	5.98	4.54	2.41	5.83	5.73
2,10-二甲基-9-十一烯醛	3.55	2.99	3.16	4.61	4.17
壬醛	2.58	2.47	2.96	1.32	2.51
癸醛	0.49	0.49	0.58	1.57	1.32
棕榈酸甲酯	5.30	5.38	3.37	5.84	5.42
二氢猕猴桃内酯	4.99	3.07	2.05	1.38	—
Z,Z-10,12-六癸二烯-1-醇乙酸酯	—	0.24	0.23	—	—
邻苯二酸	—	—	0.54	0.34	0.43
乙酸异戊酯	1.35	1.28	0.96	0.87	—
9,12,15-十八烷三烯酸甲酯	4.64	3.40	2.37	1.96	1.34
2,6-二叔丁基对甲酚	0.81	0.33	0.43	0.45	—
吲哚	1.12	0.74	0.88	0.48	0.51
2-乙酰基吡咯	1.17	0.46	0.82	0.92	0.57
β-紫罗兰酮	3.92	5.07	5.45	6.01	4.51
异氟尔酮	0.95	0.72	0.76	0.68	0.68

续表

中文名	UV+$O_3$0.5h	UV+$O_3$1.0h	UV+$O_3$1.5h	UV+$O_3$2.0h	UV+$O_3$0.5h
糠醛	5.06	4.58	4.49	4.80	5.34
芳樟醇	0.39	0.55	0.65	0.38	0.52
茄酮	22.65	24.52	24.05	29.01	25.28
新植二烯	247.24	225.37	238.55	224.96	228.66
总计（不含新植二烯）	174.43	171.09	180.37	177.98	179.07

注："—"表示未检出。

9.3.2　小结

本节利用感官评定、常规化学成分分析、香味成分分析等方法，研究了产臭氧紫外辐照对产自 2015 年云南曲靖的清香型下部叶内在质量的影响。结果表明，经产臭氧紫外辐照处理 1.5h 时烟叶的品质最佳：香气质升高，香气量升高；糖碱比合适，为 8.80，比空白组提高了 14.4%；烟碱下降，燃烧性略有增强；处理 1.5h 时香味物质总量最高，比空白组提高了 2.8%。

第4部分 Part 4
紫外和臭氧处理对烟用液品质的影响

本部分研究表明，臭氧处理香液时间 0.5h 时效果较好，致香成分含量最高。臭氧处理烟香液作用时间延长后香气成分含量下降，且导致原香液成分变化较大，不太适合在生产线上使用。

产臭氧紫外辐照时间对薄片涂布液效果最好的为 15min，糖碱比最大为14.80，香味物质总量最大，香味物质种类最多，评吸结果最好。处理时间延长，香味物质总量和种类减少，与原香味成分出现较大的变化。进一步利用片基涂布生产线进行中试验证，紫外辐照 15min 时效果最佳，糖碱比最大为14.22。总之，片基涂布液经紫外辐照后出现明显的增香效果，并且能降低烟碱，有很好的应用价值，可以进一步扩大烟叶的应用范围。

10

臭氧处理对烟用香液品质的影响

本章研究表明，臭氧处理香液时间 0.5h 时效果较好，致香成分含量最高。采用溶剂萃取和气相色谱-质谱联用技术测定，经臭氧处理 0.5h 的香液样品特有香气成分有 17 种，香液的致香成分的醇类与酯类含量显著升高，其致香成分总含量最高，为 7284.24μg/mL。综合以上分析结果显示，臭氧处理香液时间为 0.5h 时效果较好，致香成分含量最高，但是主成分发生了变化，时间延长后香气成分含量下降，不太适合在生产线上使用。

10.1 材料与方法

10.1.1 材料与试剂

黄金叶（硬帝豪）烟用香液；二氯甲烷（天津市富宇精细化工有限公司），无水硫酸钠。

10.1.2 仪器与设备

仪器与设备如表 10.1 所示。

表 10.1　　　　　　　　　　仪器与设备

仪器	公司
Agilent 6890GC/5973MS 气质联用仪	美国安捷伦（Agilent）公司
WH 臭氧发生器	南京沃环科技实业有限公司
EUV-03 紫外臭氧检测仪	江苏金坛市亿通电子有限公司

10.1.3 实验方法

10.1.3.1 样品制备

首先用臭氧处理烟用香液：将适量烟用香液均匀铺在平板上，将平板平稳放入样品处理瓶，臭氧处理香液过程如图 10.1 所示，处理样品时间分别为 0h（空白对照组）、0.5h、1.5h 和 2.5h，臭氧浓度为 538.139mg/L。每个试验组设置 3 个平行试验。

溶剂萃取：取臭氧处理后的香液 10mL，加入 CH_2Cl_2 50mL，使其充分混合，然后置于 500mL 分液漏斗中，静置 2h，取下层萃取液，向其中加入 1mL 浓度为 0.8211mg/mL 的乙酸苯乙酯内标溶液。用无水 Na_2SO_4 干燥萃取液，放入 4℃ 冰箱中隔夜保存，第二天将其常温浓缩至 1mL，过 0.22μm 滤膜，4℃ 冷藏备用。

图 10.1　样品处理过程

10.1.3.2　化学成分分析

GC-MS 分析条件如表 10.2 所示。

表 10.2　　　　　　　　　　　　GC-MS 分析条件

色谱条件			
载气	高纯氦气	流速	3mL/min
分流比	5 : 1	进样口温度	280℃
色谱柱	HP-5MS（60m×0.25mm i.d.×0.25μm d.f.）		
升温程序	起始温度 50℃ 保持 2min，以 8℃/min 升至 200℃，再以 2℃/min 升至 280℃ 保持 10min		
质谱条件			
四级杆温度	150℃	接口温度	270℃
离子化方式	EI	电子能量	70eV
离子源温度	230℃	质量扫描范围	35~550m/z

数据分析：通过 GC-MS 检测出总离子流图，利用图谱库（NIST 11）的标准质谱图对照，结合相关文献，查找并确定样品处理前后的香味成分，采用内标法算出样品中各化学成分的含量。

10.1.3.3　数据统计及制图

主成分分析利用 SPSS 软件，根据相关系数列出相关矩阵，求出特征根及其相应的特征向量，从特征根中选出几个较大的特征根及其特征向量，使其累积贡献率在90%以上。

10.2 结果与讨论

10.2.1 臭氧处理不同时间后香液化学成分定性与含量分析

经 O_3 处理的四种香液样品，共检测出127种成分，结果如表10.3所示。

表 10.3　　　　臭氧处理不同时间后香液香气成分及其含量　　　　单位：$\mu g/mL$

香味物质名称	0h	0.5h	1.5h	2.5h
苯甲醇	53.6	34.82	43.05	41.69
正己酸乙酯	6.97	1.22	1.13	1.08
乙基麦芽酚	2817.25	2866.05	2976.3	2826.51
香茅醇	79.3	56.64	—	—
对甲氧基苯甲醛	2.32	—	1.41	1.16
香兰素	841.51	736.8	907.55	841.05
烟碱	7.31	44.81	15.47	12.74
2-（1-甲基-2-吡咯烷基）吡啶	9.96	2.64	—	—
丁香酚	72.08	492.98	558.29	557.87
2-甲氧基-3-（2-丙烯基）苯酚	700.06	—	—	—
大马酮	435.25	287.32	109.03	163.32
二氢香豆素	28.92	21.49	27.6	32.19
1-石竹烯	54.25	55.51	—	2.61
肉桂酸	52.24	—	66.92	70.78
α-石竹烯	17.96	10.67	—	—
（-）-马兜铃烯	1.32	2.56	—	—
乙酸丁香酚酯	9.61	6.61	5.98	5.26
1,2,3,5,6,8α-六氢-4,7-二甲基-1-（1-甲基乙基）-（1s-顺）萘	3	1.65	—	0.75
2-（1,1-二甲基-2-丙烯基）-3,6-二甲基酚	4.35	—	—	—
巨豆三烯酮	7.15	—	—	—

续表

香味物质名称	0h	0.5h	1.5h	2.5h
氧化石竹烯	6.6	6.88	3.39	3.95
3-羟基β-半大马酮	1.72	—	1.31	1.21
3-丁烯酸-2-氧代-4-苯基甲基酯	1.42	1.95	—	—
4-（3-羟基-1-丁烯基）-3,5,5-三甲基-2-环己烯-1-酮	7.09	—	5.53	5.09
2,4-二羟基-3,6-二甲基苯甲酸甲酯	10.33	17.57	18.16	17
吡啶吡咯酮	0.62	—	1.68	1.83
2,4-二羟基-6-苯甲基甲酸乙酯	16.17	18.92	22.1	22.28
肉豆蔻酸	5.23	3.42	2.66	3.55
苯甲酸苄酯	557.25	684.85	519.23	468.87
［1S-（1α,4α,7α）］-1,2,3,4,5,6,7,8-八氢化-1,4-二甲基-7-（1-甲基乙烯基）奥	3.58	—	1.02	—
6,10,14-三甲基-2-十五烷酮	2.67	3.66	2.23	2.57
十五烷	0.93	—	—	—
棕榈酸甲酯	7.28	9.02	4.29	5.16
（7R，8S）-顺-反-顺式-7,8-环氧三环［7.3.0.0（2,6）］十二烷	11.28	—	—	2.62
西松烯	3.31	—	—	—
棕榈酸	62.96	38.23	12.14	16.63
棕榈酸乙酯	12	12.98	3.96	5.91
1-氯十九烷	3.68	—	—	—
2-亚甲基-4,8,8-三甲基-4-乙烯基二环［5.2.0］壬烷	6.28	—	—	—
4,11,11-三甲基-8-亚甲基二环［7.2.0］十一碳-4-烯	2.38	—	—	—
（1R,2S,8R,8AR）-8-羟基-1-（2-羟乙基）-1,2,5,5四甲基-反-十氢萘	5.48	16.54	7.97	6.02
4-亚甲基-1-甲基-2-（2-甲基-1-丙烯-1-甲基）-1-乙烯基环庚烷	4.43	1.2	—	—

续表

香味物质名称	0h	0.5h	1.5h	2.5h
肉桂酸苄酯	150.05	191.64	103.67	112.49
5-甲基-3-（1-甲基乙烯基）-反式-（-）-环己烯	48.54	14.68	4.94	—
亚麻酸	18.41	—	—	—
蛇床子素	29.04	17.15	9.21	10.22
亚油酸乙酯	12.66	—	—	—
6-丁基-1-硝基环己烯	19.28	—	—	—
硬脂酸乙酯	10.48	7.4	—	4.05
7-溴甲基十五碳-7-烯	9.69	5.31		
1,2,3,5,6,7,8,8α-八氢-1,8α-二甲基-7-（1-甲基乙烯基）-[1S-（1α，7α，8α）]-萘	5.02	—	0.59	
脱氢甲酯	10.84	7.36		
八氢-4α-甲基-7-（1-甲基乙基）-（4α，7β，8β）-2（1氢）-萘酮	2.93	—	3.23	3.43
桂酸桂酯	3.94	—	—	—
2,2′-亚甲基双-（4-甲基-6-叔丁基苯酚）	6.79	—	—	—
十氢 4,8,8,9 四甲基-（+）-1,4-Methanoazulen-7-醇	2.49	2.96		
邻苯二甲酸二（2-乙基）己酯	4.03	5.52	—	—
苯甲醛	—	3.19	3.52	3.58
间甲酚	—	1.49	—	
2-甲基丁酸-3-甲基丁酯	—	73.78	24.85	29.41
3-甲基丁酸戊酯	—	65.42	26.9	29.56
麦芽醇	—	13.75	12.02	3.92
异胡薄荷醇	—	5.49	—	—
L-薄荷酮	—	9.48	4.76	7.6
5-甲基-2-（1-甲基乙基）-（1α，2β，5α）-（+/-）-环己醇	—	872.92		
乙酸冰片酯	—	1.85	1.27	2.07

续表

香味物质名称	0h	0.5h	1.5h	2.5h
4-乙烯基-2-甲氧基苯酚	—	0.98	1.24	1.25
肉桂酸	—	21.59	2.35	2.71
ALPHA-大马酮	—	26.7	23.1	19.67
（+）-香橙烯	—	6.27	—	3.32
2-甲氧基-4-（1-丙烯基）-（Z）酚	—	1.23	—	—
二氢丁香酚	—	12.92	—	—
1,2,3,4-四氢-1,6-二甲基-4-（1-甲基乙基）-（1S 顺式）萘	—	1.48	—	—
反式-橙花叔醇	—	14.87	—	—
高香兰酸乙酯	—	1.49	—	3.86
4-［（1E）-3-羟基-1-丙烯基］-2-甲氧基苯酚	—	1.97	—	—
3,4,4α,5,6,7,8,9-八氢基-4α甲基（S）-2H 苯并环庚烯-2-酮	—	1.38	—	—
1,2,3α,4,5,6,7-八氢-1,4-二甲基-7-（1-甲基乙烯基）-［1R-（1α,3β,4α,7β）］-薁	—	3.98	—	—
（1S-（1α,2α,4β））-1-异丙烯基-4-甲基-1,2-环己二醇	—	1.42	—	—
2-（庚氧基羰基）苯甲酸	—	3.11	—	—
十氢基-8α-乙基1,1,4α,6-四甲基萘	—	1.29	—	—
十八烷	—	0.48	—	—
十二烯基丁二酸酐	—	11.53	0.26	1.12
二十烷	—	0.59	—	—
（2,2,6-三甲基-二环［4.1.0］庚-1-甲基）甲醇	—	0.81	—	3.37
菖蒲酮	—	12.19	0.86	0.53
亚油酸乙酯	—	12.83	—	5.26
1-甲基二环［3.2.1］辛烷	—	12.54	—	—

续表

香味物质名称	0h	0.5h	1.5h	2.5h
1α2,6,6-四甲基-1-环己烯-1-丁醛	—	6.34	5.75	6.73
己二酸二（2-乙基己）酯	—	430.45	—	—
二十四烷醇	—	4.23	—	—
邻甲酚	—	—	0.66	—
异戊酸异戊酯	—	—	231.42	239.72
薄荷脑	—	—	779.07	754.02
（R）-（+）-β-香茅醇	—	—	32.74	42.16
1,7,7-三甲基双环［2.2.1］庚烷	—	—	3.67	—
胡椒醛	—	—	1.07	1.61
别香橙烯	—	—	4.8	4.7
肉桂酸乙酯	—	—	3.74	3.48
2,3′-联吡啶	—	—	4.36	—
橙花叔醇	—	—	3.67	5.93
高香草酸	—	—	2.94	—
3,5-二羟基戊苯	—	—	3.46	3.19
4,6,10,10-四甲基-5-氧杂三环［4.4.0.0（1,4）］癸-2-烯-7-醇	—	—	1.3	—
7-乙氧基-3,7-二甲基-（E）-2-辛烯-1-醇	—	—	1.85	—
邻苯二甲酸二丁酯	—	—	2.11	—
7-羟基-6-甲氧基香豆素	—	—	5.64	8.69
8-甲氧基补骨脂素	—	—	0.74	1.09
2-亚甲基（3β,5α）胆甾烷-3-醇	—	—	2.47	—
4-（4-乙基环己基）-1-戊基环己烯	—	—	1.49	—
亚麻酸乙酯	—	—	3.65	—
2-甲基-3-（3-甲基-丁-2-烯基）-2-（4-甲基-戊-3-烯基）-氧杂环丁烷	—	—	9.34	10.97
4-亚甲基-2,8,8-三甲基-2-乙烯基二环［5.2.0］壬烷	—	—	19.28	8.51
2,6a-亚甲基-6AH-茚并［4,5-B］环氧乙烯	—	—	4.14	—

续表

香味物质名称	0h	0.5h	1.5h	2.5h
油酸酰胺	—	—	6.38	8.9
4-叔丁基苯丙酮	—	—	5.82	
己二酸二辛酯	—	—	9.37	
硅烷	—	—	0.65	
4-叔丁基苯丙酮	—	—	—	4.85
丙位己内酯	—	—	—	6.12
3,7,7-三甲基（1α，3α，6α）二环 [4.1.0] 庚烷	—	—	—	0.49
异香草醛	—	—	—	3.41
4-（5,5-二甲基-1-氧杂螺-[2.5]-辛-4-甲基）-3-丁烯-2-酮	—	—	—	0.99
4,4-二甲基-8-亚甲基-2-丙基-1-氧杂螺 [2.5] 辛烷	—	—	—	1.31
2-甲基-4-（2,6,6-三甲基环己-1-烯基）丁-2-烯-1-醇	—	—	—	1.09
2-甲基-1-壬烯-3-炔	—	—	—	10.55
2,3,3-三甲基-2-（3-甲基-1,3-丁二烯）-（Z）-环己酮	—	—	—	5.54

注："—"表示未检出。

在相同的分析条件下，不同的样品的香味物质种类及其相对含量存在一定的差异。未经 O_3 处理的香液样品检测出化学成分 57 种，经臭氧处理 0.5h 的香液样品检出化学成分有 69 种，经臭氧处理 1.5h 的香液样品检出化学成分有 70 种，经臭氧处理 2.5h 的香液样品检测出化学成分有 70 种。

10.2.1.1　臭氧处理不同时间后香液化学成分定性分析

由表 10.3 的结果分析可得，准备的香液样品共有的化学成分有 20 种。在这些成分中，乙基麦芽酚可以改善烟草的香味成分，对烟草的香味成分有加强作用，是一种很有用的香味增效剂；香兰素是一种具有浓郁奶香气息的成分；苯甲酸苄酯是一种具有与杏仁相似的气味；棕榈酸乙酯具有一种果胶、微弱蜡香、奶油香气。臭氧处理香液不同时间后得到的样品，香液样品具有不同的香气特征。未经臭氧处理的香液特有的化学成分共有 13 种；经臭氧处理 0.5h 的香液样品特有化学成分有 17 种；经臭氧处理 1.5h 的香液样品特有化学成分有 13 种；经臭氧处理 2.5h 的香液样品特有化学成分有 9 种。经臭氧处理 0.5h 的香液样品特有化学成分最多，其中异胡薄荷醇具有一种樟脑、薄荷香气；反式–橙花叔醇具有一种甜清柔美的橙花气味，类似玫瑰、铃兰、苹果花气味，香气持续时间长。

10.2.1.2 臭氧处理不同时间后香液香气成分定量分析

由表 10.4 可知，未经臭氧处理的香液化学成分含量为 6263.98μg/mL；臭氧处理香液 0.5h 时化学成分含量升高，为 7284.24μg/mL；臭氧处理香液 1.5h 时与 2.5h 时化学成分含量比 0.5h 时降低，分别为 6653.21μg/mL、6479.17μg/mL。经臭氧处理 0.5h 后香液的成分的醇类与酯类含量显著升高，总含量最高。

表 10.4　　不同臭氧处理时间对香液各类致香成分含量的影响　　单位：μg/mL

时间	醇类	酯类	醛类	酚类	酮类	酸类	烯烃	其他	总计
0.0h	135.39	813.03	843.83	783.28	3332.64	138.84	163.33	53.64	6263.98
0.5h	1007.91	1550.86	746.33	511.57	3245.42	66.35	101.88	53.92	7284.24
1.5h	876.17	981.83	919.30	560.19	3176.30	87.01	14.62	37.79	6653.21
2.5h	852.18	961.58	857.54	559.12	3094.24	93.67	25.13	35.71	6479.17

10.2.2　臭氧处理不同时间后香液香气成分的主成分分析

利用 SPSS 软件对臭氧处理的四种样品香气成分的相对含量进行主成分分析，得到主成分的特征值和特征向量，如表 10.5 所示。由表 10.5 可知，第 1 成分的贡献率为 46.949%，第 2 成分的贡献率为 37.368%，第 3 成分的贡献率为 15.683%，可见此 3 个主成分足以说明该数据的变化趋势，故根据其贡献大小将其命名为第 1、2、3 主成分。

表 10.5　　　　　　三个主成分的贡献率

主成分	特征值	贡献率/%	累积贡献率/%
1	59.625	46.949	46.949
2	47.458	37.368	84.317
3	19.917	15.683	100.000

主成分载荷矩阵如表 10.6 所示。

表 10.6　　　　　　　　　　　主成分载荷矩阵

指标	主成分		
	1	2	3
苯甲醇	0.215	−0.976	0.039
正己酸乙酯	0.656	−0.755	0.004
乙基麦芽酚	−0.53	0.198	0.824
香茅醇	0.988	−0.15	0.038
对甲氧基苯甲醛	0.002	−0.998	0.064
香兰素	−0.661	−0.676	0.327
烟碱	0.33	0.936	0.121
2-（1-甲基-2-吡咯烷基）吡啶	0.822	−0.57	0.012
丁香酚	−0.737	0.676	−0.003
2-甲氧基-3-（2-丙烯基）苯酚	0.642	−0.766	−0.004
大马酮	0.933	−0.336	−0.126
二氢香豆素	−0.528	−0.706	−0.473
1-石竹烯	0.995	0.099	0.014
肉桂酸	−0.696	−0.709	−0.11
α-石竹烯	0.965	−0.261	0.032
（−）-马兜铃烯	0.873	0.484	0.06
乙酸丁香酚酯	0.795	−0.584	0.164
1,2,3,5,6,8α-六氢-4,7-二甲基-1-（1-甲基乙基）-（1S-顺）萘	0.914	−0.345	−0.212
2-（1,1-二甲基-2-丙烯基）-3,6-二甲基酚	0.642	−0.766	−0.004
巨豆三烯酮	0.642	−0.766	−0.004
氧化石竹烯	0.986	0.149	−0.078
3-羟基β-半大马酮	−0.235	−0.972	0.003
3-丁烯酸-2-氧代-4-苯基甲基酯	0.954	0.295	0.055
4-（3-羟基-1-丁烯基）-3,5,5-三甲基-2-环己烯-1-酮	−0.255	−0.967	0.006
2,4-二羟基-3,6-二甲基苯甲酸甲酯	−0.644	0.754	0.133
吡啶吡咯酮	−0.923	−0.362	−0.127

续表

指标	主成分		
	1	2	3
2,4-二羟基-6-苯甲基甲酸乙酯	-0.949	0.311	-0.054
肉豆蔻酸	0.718	-0.612	-0.33
苯甲酸苄酯	0.735	0.617	0.282
[1S-（1α,4α,7α）]-1,2,3,4,5,6,7,8-八氢化-1,4-二甲基-7-（1-甲基乙烯基）奥	0.496	-0.837	0.233
6,10,14-三甲基-2-十五烷酮	0.671	0.723	-0.165
十五烷	0.642	-0.766	-0.004
棕榈酸甲酯	0.904	0.414	-0.109
（7R,8S）-顺-反-顺式-7,8-环氧三环[7.3.0.0（2,6）]十二烷	0.545	-0.811	-0.211
西松烯	0.642	-0.766	-0.004
棕榈酸	0.933	-0.356	-0.053
棕榈酸乙酯	0.976	0.176	-0.128
1-氯十九烷	0.642	-0.766	-0.004
2-亚甲基-4,8,8-三甲基-4-乙烯基二环[5.2.0]壬烷	0.642	-0.766	-0.004
4,11,11-三甲基-8-亚甲基二环[7.2.0]十一碳-4-烯	0.642	-0.766	-0.004
（1R,2S,8R,8AR）-8-羟基-1-（2-羟乙基）-1,2,5,5四甲基-反-十氢萘	0.37	0.905	0.21
4-亚甲基-1-甲基-2-（2-甲基-1-丙烯-1-甲基）-1-乙烯基环庚烷	0.825	-0.565	0.013
肉桂酸苄酯	0.867	0.497	-0.03
5-甲基-3-（1-甲基乙烯基）-反式-（-）-环己烯	0.814	-0.571	0.104
亚麻酸	0.642	-0.766	-0.004
蛇床子素	0.888	-0.459	-0.025
亚油酸乙酯	0.642	-0.766	-0.004
6-丁基-1-硝基环己烯	0.642	-0.766	-0.004
硬脂酸乙酯	0.923	-0.191	-0.335
7-溴甲基十五碳-7-烯	0.952	-0.305	0.029

续表

指标	主成分		
	1	2	3
1,2,3,5,6,7,8,8α-八氢-1,8α-二甲基-7-(1-甲基乙烯基)-［1S-（1α,7α,8α）］-萘	0.59	-0.802	0.091
脱氢甲酯	0.983	-0.182	0.036
八氢-4α-甲基-7-（1-甲基乙基）-（4α,7β,8β）-2（1氢）-萘酮	-0.602	-0.791	-0.111
桂酸桂酯	0.642	-0.766	-0.004
2,2'-亚甲基双-（4-甲基-6-叔丁基苯酚）	0.642	-0.766	-0.004
十氢4,8,8,9四甲基-（+）-1,4-Methanoazulen-7-醇	0.978	0.201	0.052
邻苯二甲酸二（2-乙基）己酯	0.954	0.293	0.055
苯甲醛	-0.714	0.7	-0.016
间甲酚	0.507	0.86	0.059
2-甲基丁酸-3-甲基丁酯	0.104	0.994	-0.014
3-甲基丁酸戊酯	0.016	1	0.003
麦芽醇	-0.189	0.825	0.533
异胡薄荷醇	0.507	0.86	0.059
L-薄荷酮	-0.266	0.93	-0.254
5-甲基-2-（1-甲基乙基）-（1α,2β,5α）-（+/-）-环己醇	0.507	0.86	0.059
乙酸冰片酯	-0.513	0.788	-0.342
4-乙烯基-2-甲氧基苯酚	-0.789	0.614	-0.016
肉桂酸	0.402	0.915	0.042
ALPHA-大马酮	-0.468	0.874	0.134
（+）-香橙烯	0.231	0.886	-0.402
2-甲氧基-4-（1-丙烯基）-（Z）酚	0.507	0.86	0.059
二氢丁香酚	0.507	0.86	0.059
1,2,3,4-四氢-1,6-二甲基-4-（1-甲基乙基）-（1S 顺式）萘	0.507	0.86	0.059
反式-橙花叔醇	0.507	0.86	0.059
高香兰酸乙酯	-0.363	0.339	-0.868
4-［（1E）-3-羟基-1-丙烯基］-2-甲氧基苯酚	0.507	0.86	0.059

续表

指标	主成分		
	1	2	3
3,4,4α,5,6,7,8,9-八氢基-4α 甲基（S）-2H 苯并环庚烯-2-酮	0.507	0.86	0.059
1,2,3α,4,5,6,7-八氢-1,4-二甲基-7-（1-甲基乙烯基）- ［1R-（1α,3β,4α,7β）］-奠	0.507	0.86	0.059
（1S-（1α,2α,4β））-1-异丙烯基-4-甲基-1,2-环己二醇	0.507	0.86	0.059
2-（庚氧基羰基）苯甲酸	0.507	0.86	0.059
十氢基-8α-乙基 1,1,4α,6-四甲基萘	0.507	0.86	0.059
十八烷	0.507	0.86	0.059
十二烯基丁二酸酐	0.458	0.889	-0.005
二十烷	0.507	0.86	0.059
（2,2,6-三甲基-二环［4.1.0］庚-1-甲基）甲醇	-0.44	0.206	-0.874
菖蒲酮	0.457	0.886	0.081
亚油酸乙酯	0.303	0.904	-0.302
1-甲基二环［3.2.1］辛烷	0.507	0.86	0.059
1α2,6,6-四甲基-1-环己烯-1-丁醛	-0.62	0.775	-0.121
己二酸二（2-乙基己）酯	0.507	0.86	0.059
二十四烷醇	0.507	0.86	0.059
邻甲酚	-0.611	-0.081	0.787
异戊酸异戊酯	-0.994	-0.08	-0.073
薄荷脑	-0.996	-0.082	-0.025
（R）-（+）-β-香茅醇	-0.972	-0.072	-0.222
1,7,7-三甲基双环［2.2.1］庚烷	-0.611	-0.081	0.787
胡椒醛	-0.945	-0.066	-0.319
别香橙烯	-0.996	-0.081	-0.033
肉桂酸乙酯	-0.997	-0.083	0.003
2,3′-联吡啶	-0.611	-0.081	0.787
橙花叔醇	-0.931	-0.063	-0.361
高香草酸	-0.611	-0.081	0.787

续表

指标	主成分		
	1	2	3
3,5-二羟基戊苯	-0.997	-0.083	0.01
4,6,10,10-四甲基-5-氧杂三环［4.4.0.0（1,4）］癸-2-烯-7-醇	-0.611	-0.081	0.787
7-乙氧基-3,7-二甲基-（E）-2-辛烯-1-醇	-0.611	-0.081	0.787
邻苯二甲酸二丁酯	-0.611	-0.081	0.787
7-羟基-6-甲氧基香豆素	-0.941	-0.065	-0.333
8-甲氧基补骨脂素	-0.949	-0.067	-0.307
2-亚甲基（3β,5α）胆甾烷-3-醇	-0.611	-0.081	0.787
4-（4-乙基环己基）-1-戊基环己烯	-0.611	-0.081	0.787
亚麻酸乙酯	-0.611	-0.081	0.787
2-甲基-3-（3-甲基-丁-2-烯基）-2-（4-甲基-戊-3-烯基）-氧杂环丁烷	-0.984	-0.075	-0.16
4-亚甲基-2,8,8-三甲基-2-乙烯基二环［5.2.0］壬烷	-0.894	-0.091	0.438
2,6α-亚甲基-6AH-茚并［4,5-B］环氧乙烯	-0.611	-0.081	0.787
油酸酰胺	-0.959	-0.069	-0.273
4-叔丁基苯丙酮	-0.611	-0.081	0.787
己二酸二辛酯	-0.611	-0.081	0.787
硅烷	-0.611	-0.081	0.787
4-叔丁基苯丙酮	-0.539	-0.012	-0.843
丙位己内酯	-0.539	-0.012	-0.843
3,7,7-三甲基（1α,3α,6α）二环［4.1.0］庚烷	-0.539	-0.012	-0.843
异香草醛	-0.539	-0.012	-0.843
4-（5,5-二甲基-1-氧杂螺-［2.5］-辛-4-甲基）-3-丁烯-2-酮	-0.539	-0.012	-0.843
4,4-二甲基-8-亚甲基-2-丙基-1-氧杂螺［2.5］辛烷	-0.539	-0.012	-0.843
2-甲基-4-（2,6,6-三甲基环己-1-烯基）丁-2-烯-1-醇	-0.539	-0.012	-0.843
2-甲基-1-壬烯-3-炔	-0.539	-0.012	-0.843
2,3,3-三甲基-2-（3-甲基-1,3-丁二烯）-（Z）-环己酮	-0.539	-0.012	-0.843

主成分载荷矩阵结果显示：第一主成分反应的指标主要有 1-石竹烯、香茅醇、氧化石竹烯、脱氢甲酯、棕榈酸乙酯、α-石竹烯、3-丁烯酸-2-氧代-4-苯基甲基酯、邻苯二甲酸二（-2-乙基）己酯、7-溴甲基十五碳-7-烯，指向烯类和酯类；第二主成分反应的指标主要有 3-甲基丁酸戊酯、2-甲基丁酸-3-甲基丁酯、L-薄荷酮、肉桂酸、（1R，2S，8R，8AR）-8-羟基-1-（2-羟乙基）-1,2,5,5 四甲基-反-十氢萘、亚油酸乙酯、十二烯基丁二酸酐、菖蒲酮、（+）-香橙烯、ALPHA-大马酮，指向羰基类香味物质；第三主成分反应的指标主要有乙基麦芽酚、邻甲酚、1,7,7-三甲基双环 [2.2.1] 庚烷、2,3′-联吡啶、高香草酸、4,6,10,10-四甲基-5-氧杂三环 [4.4.0.0 (1,4)] 癸-2-烯-7-醇、7-乙氧基-3,7-二甲基-（E）-2-辛烯-1-醇、邻苯二甲酸二丁酯、2-亚甲基（3β，5α）胆甾烷-3-醇、4-（4-乙基环己基）-1-戊基环己烯、亚麻酸乙酯、4-叔丁基苯丙酮、己二酸二辛酯。

根据表 10.3 中四个样品的 127 种香气成分的相对含量、表 10.5 中前两个主成分的特征值和表 10.6 中 127 种香气成分的载荷值计算出 4 个样品的第一、第二主成分值，然后以第一主成分值为横坐标、第二主成分值为纵坐标作散点图（图 10.2），由图 10.2 可知，四个样品根据距离远近分为 3 个区域，其中臭氧处理香液 1.5h 样品与臭氧处理香液 2.5h 样品距离接近，臭氧处理香液 0.0h 与 0.5h 相距较远。

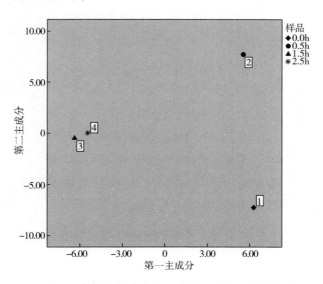

图 10.2　臭氧处理香液的四种样品的主成分分散图

图 10.3 由 127 种香气成分的第一主成分值为横坐标、第二主成分值为纵坐标作散点图而得。图 10.3 结合表 10.6 可知，影响臭氧处理 0h 的样品的香气组成的香气成分主要集中在第一主成分的正半轴、第二主成分负半轴，按影响力从大到小依次为 5-甲基-3-（1-甲基乙烯基）-反式-（-）-环己烯（44）、2-（1-甲基-2-吡咯烷基）吡啶（8）、4-亚甲基-1-甲基-2-（2-甲基-1-丙烯-1-甲基）-1-乙烯基环庚烷（42）、蛇床子素（46）、2-（1,1-二甲基-2-丙烯基）-3,6-二甲基酚（19）；影响臭氧处理 0.5h 的样品的香气组成的香气成分主要集中在第一主成分的正半轴、第二主成分正半轴，按影响力从大到小依次为 6,10,14-三甲基-2-十五烷酮（31）、5-甲基-2-（1-甲基乙基）-（1α，2β，5α）-（+/-）-环己醇（65）、异胡薄荷醇（63）、苯甲酸苄酯（29）、十二烯基丁二酸酐（83）；影响臭氧处理 1.5h、2.5h 的样品的香气组成的香气成分主要集中在第一主成分的负半轴，按影响力从大到小依次为薄荷脑（94）、（R）-（+）-β-香茅醇（95）、异戊酸异戊酯（93）、2,4-二羟基-6-苯甲基甲酸乙酯（27）、胡椒醛（97）。

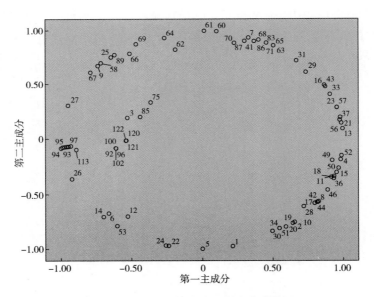

图 10.3　127 种香气成分的主成分分散图

10.3　小　　结

　　臭氧对香液有显著影响，四种样品的香气成分存在较大差异，采用溶剂萃取和 GC-MS 测定四种样品的香气成分，从中检出 127 种化学成分，四个香液样品共有的化学成分共有 20 种，未经臭氧处理的香液特有的化学成分共有 13 种，经臭氧处理 0.5h 的香液样品特有化学成分有 17 种，经臭氧处理 1.5h 的香液样品特有化学成分有 13 种，经臭氧处理 2.5h 的香液样品特有化学成分有 9 种。经臭氧处理 0.5h 后香液的化学成分的醇类与酯类含量显著升高，其化学成分总含量最高，为 7284.24μg/mL。

　　主成分分析结果显示：臭氧处理香液 0.0h、臭氧处理香液 0.5h 与臭氧处理香液 1.5h 三个样品的香味成分有显著差异，主成分出现变化，臭氧处理香液 2.5h 与处理香液 1.5h 香味成分无显著差异。

　　综合以上分析结果显示，臭氧处理香液时间为 0.5h 时效果较好，特有香气成分最多，为 17 种，致香成分含量最高，为 7284.24μg/mL。臭氧对香液的品质是有影响的，在进行紫外与臭氧的应用时，应将香液经处理后的变化情况考虑在内。

11
产臭氧紫外辐照对薄片涂布液内在质量的影响

　　影响紫外辐照 15min 样品的香气组成的香气成分主要集中在第一主成分的正半轴、第二主成分的正半轴、第三主成分的负半轴，按影响力大小依次为亚油酸、十九烷、3-（4,8,12-三甲基十三烷基）呋喃、十五烷。

11.1　材料、试剂与仪器设备

11.1.1　材料

　　以许昌中烟薄片厂的薄片涂布液为试验材料。

11.1.2　试剂

　　试剂如表 11.1 所示，均为分析纯。

表 11.1　　　　　　　　　　实验试剂

试剂	厂家
二氯甲烷	天津市富宇精细化工有限公司
无水硫酸钠	天津市科密欧化学试剂有限公司
氯化钠	天津市永大化学试剂有限公司
标样化合物乙酸苯乙酯	北京百灵威科技有限公司

11.1.3　主要仪器和设备

　　主要仪器与设备如表 11.2 所示。

表 11.2　　　　　　　　　　实验仪器

仪器	公司
Agilent 6890GC/5973MS 气质联用仪	美国安捷伦（Agilent）公司
PHILIPS TUV 紫外灯（20W，波长 198nm）	雪莱特石英紫外灯，产臭氧
SY-111 型切丝机	河南富邦实业有限公司

续表

仪器	公司
LSB-5110 型低温冷却循环泵	郑州凯鹏实验仪器有限责任公司
LHS-50CL 型恒温恒湿箱	上海一恒科学仪器有限公司

11.2 实验方法

11.2.1 样品处理

薄片涂布液取适量，平衡48h，平衡环境：温度保持在（22±2）℃、相对湿度保持在60%。平衡后，取适量样品，用紫外辐照处理（20W，紫外灯波长198nm，产臭氧），样品紫外辐照时间分别为0min、15min、30min、45min、90min。

11.2.2 GC-MS 测定香味成分

将11.2.1处理后样品进行同时蒸馏萃取，同时蒸馏萃取装置一端安装1000mL的大烧瓶，大烧瓶内放入10g紫外辐照过的样品、30g氯化钠、300mL蒸馏水，另一端放一个小烧瓶，里面加入50mL的二氯甲烷，大烧瓶用电热套加热，小烧瓶使用60℃水浴加热，使用冷却水循环冷凝。待出现分层时开始计时，蒸馏萃取时间为2.5h，萃取完成后将小烧瓶取下稍冷却，加入适量无水 Na_2SO_4，1mL 内标，放在4℃冰箱中过夜，第二天进行40℃水浴，将其浓缩到1mL，为 GC-MS 备用。

分析条件如表11.3所示。

表 11.3 GC-MS 分析条件

色谱条件			
载气	高纯氦气	流速	3mL/min
分流比	5:1	进样口温度	280℃
色谱柱	HP-5MS（60m×0.25mm i. d. ×0.25μm d. f.）		
升温程序	起始温度50℃保持2min，以8℃/min升至200℃，再以2℃/min升至280℃保持10min		
质谱条件			
四级杆温度	150℃	接口温度	270℃
离子化方式	EI	电子能量	70eV
离子源温度	230℃	质量扫描范围	$35 \sim 550 m/z$

11.2.3 数据分析

通过 GC-MS 检测出总离子流图，利用图谱库（NIST 11）的标准质谱图

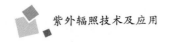

对照，结合相关文献，人工查找并确定样品处理前后的香味成分，采用内标法（乙酸苯乙酯为内标）算出样品中各化学成分的含量。

11.2.4　感官评吸

感官评吸方法如 5.1.2。

11.2.5　常规化学成分测定

对经过处理后的片基进行粉碎，过 60 目筛。然后根据《YCT 31—1996 烟草及烟草制品　试样的制备和水分测定　烘箱法》、《YCT 159—2002 烟草及烟草制品　水溶性糖的测定 连续流动法》、《YCT 160—2002 烟草及烟草制品总植物碱的测定 连续流动法》、《YCT 162—2011 烟草及烟草制品氯的测定 连续流动法》、《YCT 173—2003 烟草机烟草制品中钾的测定法　火焰光度法》对样品进行常规化学成分检测，检测的主要成分为总糖、还原糖、烟碱、钾、和氯。

11.3　结果与讨论

11.3.1　经紫外臭氧同时处理后香味成分的变化

样品 GC-MS 分析结果如表 11.4 所示。

表 11.4　　　　　　　　　　　样品 GC-MS 分析结果　　　　　　　单位：μg/g

化学名	0min	15min	30min	45min	90min
棕榈酸甲酯	2.02	1.75	2.78	1.40	2.60
棕榈酸	50.00	69.25	73.29	45.02	70.09
正十五烷酸，三甲基甲硅烷基酯	2.49	1.07	—	1.87	3.00
正三十烷	2.62	—	—	—	—
油酸酰胺	15.04	7.35	7.79	7.24	38.01
硬脂酸	7.13	9.07	9.29	—	—
乙酸苏合香酯	—	—	0.30		
乙酸苯乙酯	82.11	82.11	82.11	82.11	82.11
亚油酸	12.73	15.63	16.46	—	—
亚麻酸	31.25	36.86	29.42	17.31	23.04
亚硫酸丁基十七烷基酯	2.59				
香叶基香叶醇	—	—	2.80		

续表

化学名	0min	15min	30min	45min	90min
香树烯	1.86	—	—	3.78	—
天然维生素 E	1.30	0.59	—	—	—
四十四烷	—	0.61	0.65	—	—
四十三烷	—	—	1.86	—	—
（Z）-α-赤藓烯环氧化物	—	—	2.22	—	—
十五烷	—	0.39	0.59	—	—
十四烷酸，三甲基甲硅烷基酯	4.14	1.97	1.59	2.80	3.97
十七烷	1.86	8.58	7.35	—	—
十六烷	1.45	1.62	1.68	—	—
十九烷	1.48	1.64	2.22	—	—
十二烷	0.63	0.72	0.68	—	—
十八烷	1.32	2.87	1.88	—	—
三甲基甲硅烷基棕榈酸酯	30.25	10.43	—	42.46	35.84
茄尼酮	2.74	3.01	2.98	3.36	—
螺岩兰草酮	—	1.94	—	—	—
邻苯二甲酸二正辛酯	—	—	1.03	—	—
邻苯二甲酸二异辛酯	0.50	0.43	—	—	—
邻苯二甲酸二丁酯	—	—	1.22	—	—
邻苯二甲酸二（2-乙基己）酯	—	—	—	—	1.01
芥酸酰胺	—	4.02	—	3.51	—
间苯二甲酸二辛酯	—	—	—	1.66	—
癸烷	0.31	0.31	—	—	—
芳樟醇	—	0.32	—	—	—
反式角鲨烯	0.75	0.53	0.81	—	—
（E）-5-甲基-3-（甲基乙烯基）环己烯	10.41	7.53	12.01	—	7.17
法尼基丙酮	3.12	3.19	1.89	1.55	2.44
二十五烷	1.52	—	—	1.19	—
二十烷	13.96	2.79	6.73	15.32	5.24
二十七烷	—	—	—	—	7.20

续表

化学名	0min	15min	30min	45min	90min
二十六烷	—	—	—	—	1.41
二十八烷	3.50	1.12	—	—	—
二氢猕猴桃内酯	1.42	1.63	1.77	1.72	2.36
大马酮	—	—	3.22	—	—
大马士酮	3.22	3.38	—	4.28	4.77
苄醇	1.09	1.29	0.69	—	—
苯乙醛	5.19	4.47	4.28	5.49	0.98
苯乙醇	1.17	1.34	—	—	—
苯甲醛	—	0.50	—	—	—
巴伦西亚橘烯	—	—	2.44	—	—
α-亚麻酸，三甲基甲硅烷基酯	6.52	—	—	4.76	4.50
9-乙烯基-10-氧杂三环［4.2.1.1（3,9）］癸-4-烯	—	6.01	—	6.90	—
9-氨基-1,2,3,3a，4,6a-六氢-1,2,4-［1］丙烷基［3］亚基五烯-9-羧酸	1.57	—	—	—	—
9,12,15-十八烷三烯酸甲酯	4.76	4.70	—	—	—
7-甲基呋喃醛	1.15	—	—	—	—
7,10,13-十六碳三烯酸甲酯	—	—	—	—	4.50
6-甲基呋喃醛	—	1.31	0.64	—	—
6-氨基-2,4-二甲基-5-甲氧基喹啉	1.26	1.59	1.47	—	1.77
6,10,14-三甲基-2-十五烷酮	—	0.91	—	—	—
4-亚甲基-1-甲基-2-（2-甲基-1-丙烯-1-基）-1-乙烯基-环庚烷	—	2.43	—	—	—
4-甲氧基联苯	—	—	1.43	—	—
4,8,13-二三烯-1,3-二醇（7CI）	—	—	—	—	4.08
4,7,9-巨豆三烯-3-酮	2.99	3.40	3.84	3.68	5.04
3-羟基-β-大马酮	1.33	1.78	1.93	—	1.47
3-（4,8,12-三甲基十三烷基）呋喃	0.55	0.50	0.91	—	—
2-乙酰基呋喃	—	0.27	—	—	—

续表

化学名	0min	15min	30min	45min	90min
2-乙酰基吡咯	1.37	1.60	0.91	—	—
2-甲基-1-壬烯-3-炔	—	—	—	8.94	—
2-苯乙基酯，溴乙酸	—	—	0.47	—	—
2-苯乙基氯乙酸	—	0.86	—	—	—
2,6,10,14-四甲基十五烷	—	—	2.62	—	—
2,6,10,14-四甲基-十六烷	2.09	2.56	2.66	—	—
2,4-二叔丁基苯酚	—	—	0.56	—	—
1 亚甲基-2B 羟甲基-3,3-二甲基 4B-（3-甲基丁-2-烯基）-环己烷	—	—	—	—	5.65
1-氯二十七烷	—	1.29	—	—	—
1-甲基-2,4-双（1-甲基乙烯基）-环己烷	—	1.33	—	—	—
1,7,7-三甲基三环 [2.2.1.02,6] 庚烷	—	—	—	—	3.99
1,2-二氢-2,5,8-三甲基-萘	—	—	2.35	—	—
1,2,3,4-四氢-1,1,6-三甲基萘	1.57	1.86	1.84	1.39	—
1,2,3,4-四甲基萘	—	1.94	—	—	—
1,1,1-三甲基-1,2-二氢萘	—	—	—	1.21	—
1-（1-甲基乙烯基）-2,3,4,5-四甲基苯	—	0.56	—	—	—
[1R-（1R∗,4Z,9S∗）]-4,11,11-三甲基-8-亚甲基-二环 [7.2.0] 4-十一烯	—	—	9.45	4.79	—
(E)-1-（2,3,6-三甲苯基）丁-1,3-二烯（TPB，1）	4.29	4.81	0.93	3.07	4.36
(7R，8S)-顺-反-顺-7,8-环氧三环 [7.3.0.0 (2,6)] 十二烷	4.92	—	—	—	—
(6R,7E,9R)-9-羟基-4,7-巨豆二烯-3-酮	—	2.74	—	—	—
(1R)-（+）-TRANS 蒎烷	—	—	2.28	—	—

注："—"表示未检出。

从表 11.4 可以看出，薄片涂布液经紫外辐照不同时间后，利用蒸馏萃取技术提取挥发性成分。挥发性香味成分的种类差异很大，其中空白组香味物质 46 组，紫外辐照 15min 组香味物质有 55 种，紫外辐照 30min 组香味物质有 47 种，紫外辐照 45min 组香味物质 25 种，紫外辐照 90min 组香味物质 25 种。主要包括醇、酮、醛、烷烃类等，薄片涂布液经不同时间的紫外辐射后，含有各自特有的香味物质。紫外辐照 15min 组特有的香味物质有螺岩兰草酮、芳樟醇、苯甲醛、6,10,14-三甲基-2-十五烷酮、4-亚甲基-1-甲基-2-（2-甲基-1-丙烯-1-基）-1-乙烯基-环庚烷、2-乙酰基呋喃、2-苯乙基氯乙酸、1-氯二十七烷、1-甲基-2,4-双（1-甲基乙烯基）-环己烷、1-（1-甲基乙烯基）-2,3,4,5-四甲基苯、（6R,7E,9R）-9-羟基-4,7-巨豆二烯-3-酮。紫外辐照 30min 组特有的香味物质有乙酸苏合香酯、香叶基香叶醇、四十三烷、（Z）-α-赤藓烯环氧化物、邻苯二甲酸二正辛酯、邻苯二甲酸二丁酯、大马酮、巴伦西亚橘烯、4-甲氧基联苯、2-苯乙基酯，溴乙酸、2,4-二叔丁基苯酚、1,2-二氢-2,5,8-三甲基-萘、（1R）-（+）-TRANS 蒎烷。紫外辐照 45min 组特有的香味物质有间苯二甲酸二辛酯、2-甲基-1-壬烯-3-炔、1,1,1-三甲基-1,2-二氢萘。紫外辐照 90min 组特有的香味物质有邻苯二甲酸二（2-乙基己）酯、二十七烷、二十六烷、7,10,13-十六碳三烯酸甲酯、4,8,13-二三烯-1,3-二醇（7CI）、1 亚甲基-2B 羟甲基-3,3-二甲基 4B-（3-甲基丁-2-烯基）-环己烷、1,7,7-三甲基三环 [2.2.1.02,6] 庚烷。从表 11.4 可以看出，空白组香味成分总量为 171.33μg/g，紫外辐照 15min 组香气总量为 168.53μg/g，紫外辐照 30min 组香气总量为 154.05μg/g，紫外辐照 45min 组香气总量为 112.58μg/g，紫外辐照 90min 组香气总量为 162.40μg/g。处理效果最好的为紫外辐照 15min 组，香味物质种类最多，有 55 种，香味物质总量为 168.53μg/g。

11.3.2 主成分分析

利用 IBM SPSS Statistics 21 软件因子分析模块中的将维分析，对涂布液紫外辐照不同时间的样品 87 种挥发性成分进行主成分分析，得到主成分载荷矩阵、特征值和贡献率。

样品的主成分载荷矩阵如表 11.5 所示，3 种主要成分的特征值和贡献率如表 11.6 所示。

表 11.5　　　　　样品的主成分载荷矩阵

中文名	主成分 1	主成分 2	主成分 3
棕榈酸甲酯	0.194	−0.702	0.373
棕榈酸	0.475	−0.371	0.782
正十五烷酸，三甲基甲硅烷基酯	−0.838	0.373	0.076
正三十烷	−0.001	0.390	−0.589
油酸酰胺	−0.633	−0.136	0.549
硬脂酸	0.967	0.103	−0.078
乙酸苏合香酯	0.588	−0.803	−0.094
亚油酸	0.964	0.091	−0.093
亚麻酸	0.818	0.408	0.218
亚硫酸丁基十七烷基酯	−0.001	0.390	−0.589
香叶基香叶醇	0.588	−0.803	−0.094
香树烯	−0.494	0.187	−0.755
天然维生素 E	0.240	0.686	−0.380
四十四烷	0.911	−0.174	0.291
四十三烷	0.588	−0.803	−0.094
（Z）-α-赤藓烯环氧化物	0.588	−0.803	−0.094
十五烷	0.890	−0.364	0.205
十四烷酸，三甲基甲硅烷基酯	−0.731	0.278	−0.106
十七烷	0.960	0.030	0.243
十六烷	0.944	0.127	−0.130
十九烷	0.956	−0.072	−0.138
十二烷	0.935	0.189	−0.117
十八烷	0.943	0.300	0.141
三甲基甲硅烷基棕榈酸酯	−0.942	0.260	−0.208
茄尼酮	0.548	0.186	−0.666
螺岩兰草酮	0.527	0.636	0.469
邻苯二甲酸二正辛酯	0.588	−0.803	−0.094
邻苯二甲酸二异辛酯	0.395	0.819	−0.162
邻苯二甲酸二丁酯	0.588	−0.803	−0.094
邻苯二甲酸二（2-乙基己）酯	−0.620	−0.217	0.678

续表

中文名	主成分1	主成分2	主成分3
芥酸酰胺	0.084	0.548	0.056
间苯二甲酸二辛酯	−0.493	−0.006	−0.463
癸烷	0.429	0.838	−0.098
芳樟醇	0.527	0.636	0.469
反式角鲨烯	0.853	−0.024	−0.305
反式-5-甲基-3-（甲基乙烯基）环己烯	0.636	−0.228	0.109
法尼基丙酮	0.313	0.731	0.255
二十五烷	−0.350	0.349	−0.861
二十烷	−0.436	0.048	−0.898
二十七烷	−0.620	−0.217	0.678
二十六烷	−0.620	−0.217	0.678
二十八烷	0.172	0.612	−0.452
二氢猕猴桃内酯	−0.529	−0.451	0.718
大马酮	0.588	−0.803	−0.094
大马士酮	−0.790	0.563	0.225
苄醇	0.806	0.515	−0.076
苯乙醛	0.384	0.294	−0.804
苯乙醇	0.456	0.849	−0.039
苯甲醛	0.527	0.636	0.469
巴伦西亚橘烯	0.588	−0.803	−0.094
α-亚麻酸，三甲基甲硅烷基酯	−0.771	0.231	−0.449
9-乙烯基-10-氧杂三环［4.2.1.1（3,9）］癸-4-烯	−0.029	0.477	−0.047
9-氨基-1,2,3,3a,4,6a-六氢-1,2,4-［1］丙烷基［3］亚基五烯-9-羧酸	−0.001	0.390	−0.589
9,12,15-十八烷三烯酸甲酯	0.426	0.837	−0.104
7-甲基呋喃醛	−0.001	0.390	−0.589
7,10,13-十六碳三烯酸甲酯	−0.620	−0.217	0.678
6-甲基呋喃醛	0.816	0.245	0.424
6-氨基-2,4-二甲基-5-甲氧基喹啉	0.381	−0.039	0.674
6,10,14-三甲基-2-十五烷酮	0.527	0.636	0.469

续表

中文名	主成分 1	主成分 2	主成分 3
4-亚甲基-1-甲基-2-（2-甲基-1-丙烯-1-基）-1-乙烯基-环庚烷	0.527	0.636	0.469
4-甲氧基联苯	0.588	-0.803	-0.094
4,8,13-二三烯-1,3-二醇（7CI）	-0.620	-0.217	0.678
4,7,9-巨豆三烯-3-酮	-0.521	-0.506	0.687
3-羟基-β-大马酮	0.676	-0.127	0.505
3-（4,8,12-三甲基十三烷基）呋喃	0.911	-0.227	-0.201
2-乙酰基呋喃	0.527	0.636	0.469
2-乙酰基吡咯	0.819	0.489	-0.085
2-甲基-1-壬烯-3-炔	-0.493	-0.006	-0.463
2-苯乙基酯，溴乙酸	0.588	-0.803	-0.094
2-苯乙基氯乙酸	0.527	0.636	0.469
2,6,10,14-四甲基十五烷	0.588	-0.803	-0.094
2,6,10,14-四甲基-十六烷	0.962	0.102	-0.093
2,4-二叔丁基苯酚	0.588	-0.803	-0.094
1 亚甲基-2B 羟甲基-3,3-二甲基 4B-（3-甲基丁-2-烯基）-环己烷	-0.620	-0.217	0.678
1-氯二十七烷	0.527	0.636	0.469
1-甲基-2,4-双（1-甲基乙烯基）-环己烷	0.527	0.636	0.469
1,7,7-三甲基三环［2.2.1.02,6］庚烷	-0.620	-0.217	0.678
1,2-二氢-2,5,8-三甲基-萘	0.588	-0.803	-0.094
1,2,3,4-四氢-1,1,6-三甲基萘	0.798	0.180	-0.505
1,2,3,4-四甲基萘	0.527	0.636	0.469
1,1,1-三甲基-1,2-二氢萘	-0.493	-0.006	-0.463
1-（1-甲基乙烯基）-2,3,4,5-四甲基苯	0.527	0.636	0.469
［1R-（1R*,4Z,9S*）］-4,11,11-三甲基-8-亚甲基-二环［7.2.0］4-十一烯	0.337	-0.805	-0.329
(E)-1-（2,3,6-三甲基苯基）丁-1,3-二烯（TPB，1）	-0.326	0.861	0.334
(7R, 8S)-顺-反-顺-7,8-环氧三环［7.3.0.0 (2,6)］十二烷	-0.001	0.390	-0.589
(6R,7E,9R)-9-羟基-4,7-巨豆二烯-3-酮	0.527	0.636	0.469
(1R)-（+）-TRANS 蒎烷	0.588	-0.803	-0.094

注：提取特征值大于 1 的为主成分。

表 11.6   **3 种主成分的特征值和贡献率**

主成分	初始特征值			提取平方和载入		
	特征值	贡献率/%	累积贡献率/%	特征值	贡献率/%	累积贡献率/%
1	33.044	37.981	37.981	33.044	37.981	37.981
2	24.346	27.984	65.966	24.346	27.984	65.966
3	16.239	18.666	84.632	16.239	18.666	84.632

从表 11.5 可以看出，正十五烷酸，三甲基甲硅烷基酯、硬脂酸、亚油酸、亚麻酸、四十四烷、十五烷、十七烷、十六烷、十九烷、十二烷、十八烷、三甲基甲硅烷基棕榈酸酯、反式角鲨烯、苄醇、6-甲基呋喃醛、3-（4,8,12-三甲基十三烷基）呋喃、2-乙酰基吡咯、2,6,10,14-四甲基-十六烷 18 种物质在主成分 1 中有较高矩阵（|载荷|>0.8），即主成分 1 反映上述 18 种指标信息；乙酸苏合香酯、香叶基香叶醇、四十三烷、（Z）-α-赤藓烯环氧化物、邻苯二甲酸二正辛酯、邻苯二甲酸二异辛酯、邻苯二甲酸二丁酯、癸烷、大马酮、苯乙醇、巴伦西亚橘烯、9,12,15-十八烷三烯酸甲酯、4-甲氧基联苯、2-苯乙基酯，溴乙酸、2,6,10,14-四甲基十五烷、2,4-二叔丁基苯酚、1,2-二氢-2,5,8-三甲基-萘、[1R-（1R*,4Z,9S*）]-4,11,11-三甲基-8-亚甲基-二环 [7.2.0]4-十一烯、（E）-1-（2,3,6-三甲基苯基）丁-1,3-二烯（TPB，1）、（1R）-（+）-TRANS 蒎烷 21 种物质在主成分 2 中有较高的矩阵（|载荷|>0.8），即主成分 2 反映上述 21 种指标信息；二十五烷、二十烷 2 种物质在主成分 3 中有较高的矩阵（|载荷|>0.8），即主成分 3 反映上述 2 种指标信息。

由表 11.6 可知，主成分 1、2、3 的累积贡献率达到 84.632%，因此，87 种挥发性成分可以用主成分 1、2、3 进行主成分分析。

根据表 11.4 中 5 个紫外辐照不同时间处理样品的 88 种香气成分的相对含量、表 11.6 中前 3 个主成分的特征值和表 11.5 中 88 种香气成分的载荷值计算出 5 个样品中的第一、第二和第三主成分值，然后以第一主成分为 Z 坐标，第二主成分为 X 坐标，第三主成分为 Y 坐标，作散点图（图 11.1）。由图 11.1 可知，5 个样品根据距离远近分为 4 个区域，其中紫外辐照 0min、15min、30min 处理组的样品距离较远，紫外辐照 45min、90min 处理组的样品距离较近。

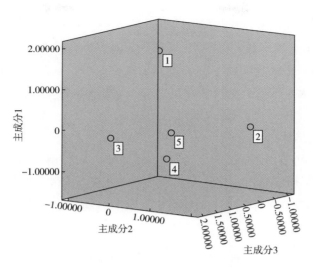

图 11.1 紫外辐照不同时间处理样品的主成分分散图

1—紫外辐照 0min 组的样品 2—紫外辐照 15min 组的样品 3—紫外辐照 30min 组的样品

4—紫外辐照 45min 组的样品 5—紫外辐照 90min 组的样品

图 11.2 由 88 种香气成分（与表 11.5 香气成分相对应）的第一主成分为坐标、第二主成分为坐标、第三主成分为坐标作散点图。由图 11.2 结合图 11.1、表 3 可知，影响紫外辐照 15min 样品的香气组成的香气成分主要集中在第一主成分的正半轴、第二主成分的正半轴、第三主成分的负半轴，按影

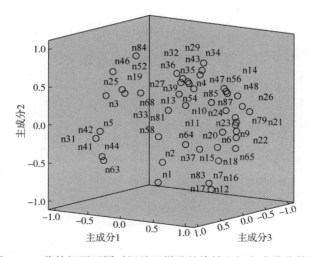

图 11.2 紫外辐照不同时间处理样品的旋转空间主成分分散图

响力大小依次为亚油酸（9）、十九烷（22）、3-（4,8,12-三甲基十三烷基）呋喃（66）、十五烷（18）；影响紫外辐照30min样品的香气组成的香气成分主要集中在第一主成分的负半轴、第二主成分的负半轴、第三主成分的正半轴，按影响力大小依次为十八烷（24）、2-乙酰基吡咯（68）、顺式-Z-α-赤藓烯环氧化物（17）、茄尼酮（26）。

11.3.3 评吸结果

评吸结果如表11.7所示。由评吸表可知，烟草薄片涂布液紫外辐照15min后施加到烟草薄片上，评吸效果最好，感官质量得分最高。紫外辐照时间大于15min后，随烟草薄片涂布液紫外辐照时间越长，施加到烟草薄片后的感官品质越差。

表11.7   紫外辐照处理片基涂布液后感官质量评分

样品	编号	香气质（3）	香气量（3）	浓度（4）	柔细度（6）	余味（5）	杂气（4）	刺激性（5）	劲头（10）	燃烧性（10）	灰色（10）
	空白	3.50	3.50	2.50	4.70	3.60	3.00	3.50	7.00	8.00	7.00
烟草薄片	UV15min	3.70	3.60	3.00	4.70	3.80	3.00	3.50	7.00	8.00	7.00
	UV30min	3.50	3.60	2.50	4.70	3.60	3.00	3.70	7.00	8.00	7.00
	UV45min	3.40	3.30	2.50	4.50	3.70	3.00	3.60	7.00	8.00	7.00
	UV90min	3.20	3.30	2.40	3.50	3.00	3.00	3.50	7.00	7.00	7.00

11.3.4 常规化学成分分析

与空白组对照相比，处理时间15~90min烟碱含量均降低，还原糖含量随紫外辐照时间延长先降低后增加，糖碱比在紫外辐照处理15min时达到最大值为14.80。如表11.8所示。

表11.8   紫外辐照处理片基涂布液后常规化学成分变化

时间	糖/%	碱/%	钾/%	氯/%	糖碱比
0min	10.43±0.07a	0.96±0.03a	3.07±0.17a	0.79±0.04a	10.86a
15min	10.36±0.14a	0.70±0.03b	3.00±0.17a	0.75±0.04a	14.80b
30min	10.15±0.20b	0.71±0.03b	3.00±0.11a	0.84±0.02b	14.30b
45min	10.53±0.21a	0.73±0.03b	2.96±0.16a	0.71±0.02b	14.42b
90min	10.67±0.14c	0.76±0.04b	3.07±0.14a	0.81±0.03a	14.04c

注：不同的小写字母表示显著性差异。

11.3.5　中试薄片常规化学成分分析

与空白组对照相比，处理时间 15~90min 烟碱含量均降低，还原糖含量随紫外辐照时间延长先降低后增加，糖碱比在紫外辐照处理 15min 时达到最大值为 14.22。如表 11.9 所示。

表 11.9　　　紫外辐照在线处理片基涂布液后常规化学成分变化

时间	糖/%	碱/%	钾/%	氯/%	糖碱比
0min	9.87a	0.86a	2.86a	0.76a	11.48a
15min	9.67b	0.68b	2.87a	0.82a	14.22b
30min	9.76a	0.72c	2.91a	0.75a	13.56c
45min	9.86a	0.71c	2.88a	0.78a	13.88c
90min	10.11c	0.72c	2.88a	0.79a	14.04b

注：不同的小写字母表示显著性差异。

11.4　小　　结

本章利用化学成分分析、GC-MS 测定和主成分分析法，研究产臭氧紫外辐照对薄片涂布液品质的影响。结果表明，产臭氧紫外辐照对薄片涂布液效果最好的为 15min，糖碱比最大为 14.80，香味物质总量最大，香味物质种类最多，评吸结果最好。处理时间延长，香味物质总量和种类减少，与原香味成分变化较大。紫外辐照 15min 组香味物质总量最大为 168.53μg/g，数目也最多有 55 种，主要包括醇、酮、醛、烷烃类等，特有的香味物质有螺岩兰草酮、芳樟醇、苯甲醛、6,10,14-三甲基-2-十五烷酮、4-亚甲基-1-甲基-2-（2-甲基-1-丙烯-1-基）-1-乙烯基-环庚烷、2-乙酰基呋喃等，主成分分析显示其中紫外辐照 0min、15min、30min 处理组的样品距离较近，紫外辐照 45min、90min 处理组的样品距离较近。影响紫外辐照 15min 样品的香气组成的香气成分主要集中在第一主成分的正半轴、第二主成分的正半轴、第三主成分的负半轴，按影响力大小依次为亚油酸、十九烷、3-（4,8,12-三甲基十三烷基）呋喃、十五烷。

第5部分 Part 5
紫外辐照对烟丝质量、有害成分和物理指标的影响为了进一步扩大紫外辐照的应用范围，研究紫外辐照对在线生产的影响，选择合适的切入点，寻找最优应用工艺，选取帝豪生产线上预混后（加料前）、加料后、切丝后、烘丝后和加香后5个生产点的烟叶、烟丝和梗丝为材料，研究产臭氧紫外辐照对生产线上不同工序处烟叶品质的影响。结果表明，切丝后和加香后两个工序的样品处理后效果最好。最优工艺为切丝后和加香后的烟丝分别处理90min和30min。

（1）以常规化学成分的变化为主要依据结合感官评价、香味成分分析等方法，结果表明，切丝后的烟丝随着处理时间的增加，香味物质总量呈现先下降后上升的趋势，90min含量增加明显，糖碱比适宜。对切丝后的烟丝进行产臭氧紫外处理，香味物质总量呈现先下降后上升的趋势，新植二烯含量也呈现先下降后上升的趋势，90min组增加且高于45min组，香味物质含量比空白组香味物质含量增加8.28%，新植二烯含量增加了9.85%。对切丝后的叶片进行产臭氧紫外处理，以处理时间45min组和90min组最好，糖碱比分别为11.20和11.13。

（2）以常规化学成分的变化为主要依据结合感官评价、香味成分分析等方法，研究表明，加香后的烟丝处理30min效果最好，新植二烯和香味物质总量均有所上升。加香后的烟丝进行产臭氧紫外处理后，新植二烯含量在紫外处理30min时最高，增长7.32%。香味物质含量在30min组较15min组有增加且高于对照组，香味物质含量比空白组香味物质含量增加35.06%。对加香后的烟丝进行产臭氧紫外处理，30min组总糖和还原糖含量比空白组升高。

（3）为了进一步优化实验工艺，我们以紫外辐照时间和烟丝平铺厚度为因素设计正交实验，以常规化学成分的变化为主要依据结合感官评价、香味成分分析等方法进行考查。正交试验显示，切丝后的烟丝平铺1mm紫外处理90min，糖碱比最高，评吸效果最好，香味物质含量高。

（4）为了考查实验结果，我们对紫外处理不同时间段的烟丝卷烟后进行主流烟气分析。结果表明，紫外处理90min的烷烃和苯系物质种类和含量都显著减少，烟丝醛类、酸类、酯类、酮类、酰胺类和酚类物质含量变化不大，卷烟的安全性得到提高。

产臭氧紫外辐照对烟片的抗张强度和抗张力，烟丝填充值，空白烟支的质量、长度、硬度、吸阻等物理指标影响不大，产臭氧紫外辐照90min后会使烟片和烟丝的含水率下降。

产臭氧紫外辐照 30min 对切丝后的烟丝有害成分影响不大，间苯二酚、苯并芘、巴豆醛、CO 等有害成分略微降低。

产臭氧紫外辐照 15min 后，烟草甲全部死亡，能起到很好的杀虫效果。

12
产臭氧紫外辐照对制丝线不同工序处烟叶及烟丝质量的影响

12.1　材料、试剂与仪器

12.1.1　材料

以帝豪生产线上 5 个生产点选取的烟叶、烟丝和梗丝为材料，包括①预混后（加料前）、②加料后、③切丝后、④烘丝后、⑤加香后。

12.1.2　试剂

试剂如表 12.1 所示，均为分析纯。

表 12.1　　　　　　　　　　实验试剂

试剂	厂家
二氯甲烷	天津市富宇精细化工有限公司
无水硫酸钠	天津市科密欧化学试剂有限公司
氯化钠	天津市永大化学试剂有限公司
标样化合物乙酸苯乙酯	北京百灵威科技有限公司

12.1.3　主要仪器与设备

主要仪器与设备如表 12.2 所示。

表 12.2　　　　　　　　　　实验仪器

仪器	公司
Agilent 6890GC/5973MS 气质联用仪	美国安捷伦（Agilent）公司
PHILIPS TUV 紫外灯（20W，波长198nm）	雪莱特石英紫外灯，产臭氧
SY-111 型切丝机	河南富邦实业有限公司
LSB-5110 型低温冷却循环泵	郑州凯鹏实验仪器有限责任公司
LHS-50CL 型恒温恒湿箱	上海一恒科学仪器有限公司
AA3 型连续流动分析仪	德国 SEAL Analytical 公司

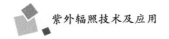

12.2 实 验 方 法

12.2.1 样品处理

上述 5 种类型样品各取适量，平衡 48h，平衡环境：温度保持在（22±2)℃、相对湿度保持在 60%。平衡后，取适量每种类型的样品，用紫外辐照处理（20W，紫外灯波长 198nm，产臭氧），①、②、④每种样品处理时间都分别为 0min、45min 和 90min；③号样品处理时间分别为 0min、15min、30min、45min、90min。⑤号样品处理时间分别为 0min、15min 和 30min，然后将处理后的样品平衡 24h。

12.2.2 感官评吸

感官评吸方法见 1.1.2.2。

12.2.3 常规化学成分测定

对经过处理后的烟叶进行粉碎，过 60 目筛。然后根据《YCT 31—1996 烟草及烟草制品 试样的制备和水分测定 烘箱法》、《YCT 159—2002 烟草及烟草制品 水溶性糖的测定 连续流动法》、《YCT 160—2002 烟草及烟草制品总植物碱的测定 连续流动法》、《YCT 162—2011 烟草及烟草制品氯的测定 连续流动法》、《YCT 173—2003 烟草机烟草制品中钾的测定法 火焰光度法》对样品进行常规化学成分检测，检测的主要成分为总糖、还原糖、烟碱、钾和氯。

12.2.4 GC-MS 测定香味成分

将处理后样品粉碎成烟末，过筛 60 目，同时蒸馏萃取装置一端安装 1000mL 的大烧瓶，大烧瓶内放入 30g 烟叶粉末样品、30g 氯化钠、300mL 蒸馏水，另一端放一个小烧瓶，里面加入 50mL 的二氯甲烷，大烧瓶用电热套加热，小烧瓶使用 60℃水浴加热，使用冷却水循环冷凝。待出现分层时开始计时，蒸馏萃取时间为 2.5h，萃取完成后将小烧瓶取下稍冷却，加入适量无水硫酸钠 1mL 内标，放在 4℃冰箱中过夜，第二天进行 40℃水浴，将其浓缩到 1mL，为 GC-MS 备用。

分析条件如表 12.3 所示。

表 12.3 GC-MS 分析条件

色谱条件			
载气	高纯氦气	流速	3mL/min
分流比	5∶1	进样口温度	280℃
色谱柱	HP-5MS（60m×0.25mm i.d. ×0.25μm d.f.）		
升温程序	起始温度50℃保持2min，以8℃/min升至200℃，再以2℃/min升至280℃保持10min		
质谱条件			
四级杆温度	150℃	接口温度	270℃
离子化方式	EI	电子能量	70eV
离子源温度	230℃	质量扫描范围	35~550m/z

12.2.5 主流烟气成分分析

将处理后烟丝做成烟支，吸烟机抽吸后，取剑桥滤片，用二氯甲烷萃取，将其浓缩到1mL，为GC-MS备用。

12.2.6 数据分析

通过GC-MS检测出总离子流图，利用图谱库（NIST 11）的标准质谱图对照，结合相关文献，人工查找并确定样品处理前后的香味成分，采用内标法（乙酸苯乙酯为内标）算出样品中各化学成分的含量。

12.3 结果与讨论

12.3.1 经产臭氧紫外处理后香味成分的变化

1#样品（预混后加料前）检测结果如表12.4所示。

表 12.4 1#样品 GC-MS 分析结果 单位：μg/g

中文名	预混后 0min	预混后 45min	预混后 90min
棕榈酸甲酯	21.61	8.56	17.49
棕榈酸	75.49	11.02	85.15
正十五酸	7.86	—	—
长叶醛	1.40	—	—
油酸酰胺	8.57	3.85	3.02

续表

中文名	预混后 0min	预混后 45min	预混后 90min
硬脂酸甲酯	3.04	0.80	2.65
硬脂酸	3.19	0.48	4.49
吲哚	0.90	0.52	0.86
乙酸苯乙酯	30.53	29.77	30.74
亚油酸甲酯	9.82	2.79	8.61
亚油酸	7.81	—	4.81
亚麻酸	21.84	1.63	29.70
香叶基丙酮	—	3.30	3.64
香树烯	2.99	—	1.38
西松烯	2.83	1.28	2.34
十四烷	—	0.33	0.30
β-紫罗兰酮	1.03	0.82	0.85
肉豆蔻酸	6.08	1.32	3.78
螺岩兰草酮	2.48	1.14	2.08
菲	0.98	0.44	0.69
芳樟醇	1.30	0.99	1.05
二氢猕猴桃内酯	5.22	1.05	7.65
对苯二甲酸二辛酯	0.84	0.80	0.90
大马士酮	11.58	9.68	9.67
苄醇	9.14	—	6.81
苯乙醛	5.33	8.70	3.80
苯乙醇	4.53	2.06	3.37
苯甲醛	0.50	0.40	0.48
4,7,9-巨豆三烯-3-酮	39.90	29.86	36.36
愈创木酚	—	—	0.23
硬脂酰胺	—	0.45	0.27
乙酸苏合香酯	—	—	0.12
亚麻酸乙酯	—	—	1.52
香叶基香叶醇	1.38	—	6.23
惕格酸	0.28	—	0.10
十四酸甲酯	0.71	0.37	0.56
十二烯基丁二酸酐	0.45	0.02	—

续表

中文名	预混后 0min	预混后 45min	预混后 90min
邻苯二甲酸二丁酯	1.15	0.42	1.29
1,2,3,4-四氢-1,6,8-三甲基萘	2.05	0.86	1.17
1,2,3,4-四甲基萘	2.08	0.78	2.14
1-(1-甲基乙烯基)-2,3,4,5-四甲基苯	1.96	2.54	1.94
(6R,7E,9R)-9-羟基-4,7-巨豆二烯-3-酮	1.09	—	1.59
(+)-香茅醛	—	0.15	—

注:"—"表示未检出。

紫外辐照处理对 1#样品的影响结果如表 12.4 所示,香味物质总体含量在 UV 处理 45min 时含量大幅度降低,在 90min 组稍低于对照组,但较 45min 组有大幅度增加,处理时间为 45min 时,香味物质(除新植二烯)比空白组降低了 54.34%,新植二烯含量降低了 37.72%。处理时间为 90min 时,香味物质含量(除新植二烯)比空白组香味物质含量降低 12.69%,新植二烯含量降低了 18.55%。

2#样品(加料后未储存)检测结果如表 12.5 所示。

表 12.5　　　　　　**2#样品 GC-MS 分析结果**　　　　单位:μg/g

中文名	加料后 0min	加料后 45min	加料后 90min
棕榈酸甲酯	19.78	12.65	14.21
棕榈酸	80.03	26.47	71.46
正十五酸	7.71	1.42	—
油酸酰胺	5.23	5.42	3.23
硬脂酸甲酯	2.87	1.47	1.55
硬脂酸	4.48	0.93	1.67
吲哚	0.86	0.52	0.69
乙酸苯乙酯	30.90	31.98	31.36
乙基麦芽酚	0.70	0.11	0.38

续表

中文名	加料后 0min	加料后 45min	加料后 90min
亚油酸甲酯	8.75	5.39	6.45
亚油酸	8.79	1.64	4.63
亚麻酸	23.09	3.62	14.79
辛酸	—	—	0.54
香叶基香叶醇	—	—	1.13
香叶基丙酮	3.07	4.12	3.79
香树烯	1.87	0.55	0.62
西松烯	3.38	2.37	3.15
维生素 A	—	—	0.41
顺式-十八碳烯酸	—	1.25	—
十四酸甲酯	0.62	0.50	—
十七烷	0.31	—	0.25
十六烷	0.34	0.18	0.30
肉豆蔻酸	3.34	3.33	5.54
壬酸	—	—	1.67
麦芽醇	0.17	—	—
氯代十八烷	0.49	0.13	—
螺岩兰草酮	1.93	2.32	2.39
邻苯二甲酸二丁酯	1.39	0.61	0.82
金合欢基丙酮	—	8.80	—
芥酸酰胺	—	—	1.41
甲基庚烯酮	0.16	0.16	—
黑松醇	—	—	0.25
合金欢醇	0.26	—	—
菲	—	0.66	0.66
芳樟醇	1.10	1.07	0.95
反式菊醛	0.20	0.30	—
反式角鲨烯	—	—	0.20

续表

中文名	加料后0min	加料后45min	加料后90min
反-2,6-壬二醛	0.18	0.20	0.18
二氢猕猴桃内酯	5.97	2.20	5.33
大马士酮	10.98	10.14	9.69
苯乙醛	4.60	9.29	9.85
苯乙醇	3.62	2.92	3.11
苯甲醛	0.42	0.32	0.35
N-（2-三氟甲基苯）-3-吡啶甲酰胺肟	1.70	1.39	0.62
ALPHA-大马酮	1.16	1.12	0.95
5-甲基呋喃醛	1.16	1.10	1.26
4-乙烯基-2-甲氧基苯酚	3.86	2.52	3.59
4,7,9-巨豆三烯-3-酮	39.53	36.00	34.46
β-紫罗兰酮	1.05	1.00	0.93

注："—"表示未检测出。

紫外辐照处理对2#样品的影响结果如表12.5所示，香味物质总体含量在处理45min时含量大幅度降低，在90min组稍低于对照组，但较45min组有大幅度增加。处理45min时，新植二烯的含量和香味物质总量也出现了下降的情况，新植二烯的含量较空白组降低了32.52%，香味物质含量（除新植二烯）较空白组无明显变化。当处理时间90min时，与空白相比新植二烯和香味物质总量变化不明显；香味物质含量（除新植二烯）比空白组香味物质含量增加了22.66%，新植二烯含量降低了14.88%。

3#样品（切丝后）检测结果如表12.6所示。

表12.6　　　　　　　　3#样品GC-MS分析结果　　　　　　单位：μg/g

化学名称	0min	15min	30min	45min	90min
β-紫罗兰酮	0.94	0.90	0.92	0.76	0.93
棕榈酸甲酯	26.03	16.16	20.66	21.67	21.49
棕榈酸	97.49	24.43	56.61	90.83	116.7
正二十三烷	—	—	0.23	—	—

续表

化学名称	0min	15min	30min	45min	90min
愈创木酚	0.44	—	—	0.30	0.44
油酸酰胺	1.82	1.58	1.92	6.92	2.57
硬脂酸甲酯	4.20	2.11	3.14	3.65	3.89
硬脂酸	3.22		2.24	5.25	4.59
吲哚	0.20	0.29	0.46	0.45	0.63
异氟尔酮	0.81	0.79	0.76	0.84	—
异丁子香烯	—	2.20	—	—	—
乙基麦芽酚	—	—	0.69	—	1.10
氧化石竹烯	—	—	0.06	—	—
烟碱	—	—	—	—	0.25
亚油酸甲酯	—	5.93	8.43	—	11.09
亚油酸	—	0.86	6.34	—	—
亚麻酸乙酯	1.61	—	—	1.07	2.27
亚麻酸	27.65	3.83	10.91	24.91	36.42
亚硫酸丁酯十二烷酯	—	—	—	—	0.22
新植二烯	382.90	283.10	345.48	354.01	420.61
香叶基香叶醇	0.93	—	0.93	—	—
香叶基丙酮	—	4.97	—	5.59	—
香树烯	—	—	0.57	—	—
西松烯	1.31	0.99	—	—	—
四十四烷	—	—	0.60	—	—
四十三烷	—	—	0.20	—	—
（Z）-α-赤藓烯环氧化物	—	—	—	—	0.98
顺式-3-癸烯	—	—	—	0.22	—
顺式，α-檀香醇	—	—	—	—	0.88
顺，顺，顺-7,10,13-十六碳	—	—	—	1.54	—
十四烷酸，三甲基甲硅烷基酯	3.88	1.85	3.73	4.27	4.65

续表

化学名称	0min	15min	30min	45min	90min
十四酸甲酯	0.74	0.55	0.67	0.64	0.65
十七烷	2.07	0.21	0.27	0.33	0.31
十七酸甲酯	3.38	—	—	3.13	3.39
十六烷	—	0.19	0.21	0.29	0.24
十九烷	—	0.31	—	—	—
十二烯基丁二酸酐	—	—	0.76	—	—
十八烷	—	0.24	—	0.58	0.52
三甲基甲硅烷基棕榈酸酯	2.75	—	—	—	—
三甲基甲硅烷基棕榈酸酯	—	—	—	2.83	3.43
肉豆蔻酸	4.80	2.38	2.84	3.07	4.19
壬酸 9-氧代-甲酯	—	—	0.82	0.87	1.03
壬酸	—	0.66	1.08	0.99	1.31
壬醛	—	1.61	1.73	1.90	—
茄尼酮	20.63	—	20.35	20.88	21.86
蒎烷	0.90	0.96	1.01	—	—
麦芽醇	—	—	—	—	0.16
螺岩兰草酮	1.83	1.36	2.08	1.84	2.55
罗汉柏烯	—	—	1.28	1.28	—
邻苯二甲酸二异辛酯	—	—	—	—	0.17
邻苯二甲酸二丁酯	—	—	0.82	0.84	—
邻苯二甲酸二（2-乙基己）酯	—	—	0.12	—	—
卡帕拉三烯	—	0.15	—	—	—
芥酸酰胺	—	1.25	1.17	—	—
间甲酚	—	—	0.09	—	—
甲基庚烯酮	0.21	0.50	0.37	0.54	—
己酸	—	0.23	—	—	—

续表

化学名称	0min	15min	30min	45min	90min
黑松醇	—	—	3.65	4.55	—
癸醛	—	1.35	1.31	1.43	1.32
甘菊蓝	—	—	—	0.12	—
菲	—	—	—	0.58	—
芳樟醇	0.93	1.09	0.86	0.80	1.02
反式角鲨烯	—	—	—	0.17	0.22
反式-2-壬烯醛	—	—	0.19	0.19	0.23
反式-2-（2-戊烯基）呋喃	—	0.12	—	—	—
反-2,6-壬二醛	—	0.17	0.18	—	—
法尼基丙酮	9.87	7.59	9.38	11.77	11.19
二十一烷	—	—	—	—	3.55
二十五烷	—	—	—	0.90	—
二十烷	0.69	0.77	2.52	1.07	1.69
二十四烷	—	—	0.31	—	0.33
二十七烷	—	—	—	2.75	—
二十八烷	—	—	—	—	0.49
二氢猕猴桃内酯	6.25	3.36	5.26	5.64	8.27
蒽	—	0.72	—	—	0.69
对-1-烯-9-薄荷 p	—	0.23	—	—	—
大马士酮	11.71	11.46	10.36	10.48	10.41
橙花基丙酮	3.72	—	5.54	—	5.44
苄醇	7.11	4.54	5.27	5.74	7.27
吡啶-2-甲醛	0.10	—	—	—	0.54
苯乙醛	5.99	4.99	4.09	4.41	5.93
苯乙醇	4.25	3.09	3.53	3.71	4.21
苯甲醛	1.08	0.85	0.74	0.74	1.11
苯酚	0.22	—	—	—	0.25
薄荷脑	—	0.41	—	—	—
薄荷醇	0.33	—	0.61	—	—

续表

化学名称	0min	15min	30min	45min	90min
N-异丙基苯胺	—	—	—	0.38	—
N-乙基间甲苯胺	—	—	0.30	—	—
N-甲基-2-吡咯甲醛	—	—	—	—	0.36
（E）-2-十四碳烯-1-醇	—	—	—	—	0.75
（E）-14十六碳烯醛	—	—	—	0.28	—
alpha-松油醇	0.27	0.38	—	0.22	—
ALPHA-大马酮	1.35	1.29	1.21	2.41	1.22
9-亚甲基-9H-芴	0.99	—	1.15	—	—
9-甲基苯酚	—	0.36	—	—	—
9,12,28-十八碳三烯酸乙酯	—	—	0.79	—	—
9,12,15-十八烷三烯酸甲酯	28.06	13.62	19.50	23.16	24.20
8-甲基苯酚	—	—	0.20	—	—
8,11,14-十七碳三烯酸甲酯	—	1.25	—	—	—
7-异丙基苯胺	—	0.23	—	—	—
7-甲基苯酚	—	—	—	0.14	—
7,10,13-十六碳三烯酸甲酯	15.14	1.49	2.10	12.36	0.52
6-甲基苯酚	—	—	—	—	0.28
6-氨基-2,4-二甲基-5-甲氧基喹啉	0.88	—	0.54	—	0.91
6,10-二甲基-9-十一碳烯-2-酮	—	—	0.16	—	—
6,10-二甲基-3,5,9-十一碳三烯-2-酮	—	—	0.56	—	—
6,10,14-三甲基-2-十五烷酮	—	—	3.77	4.48	5.02
5-茚醇	—	—	0.91	—	—
5-羟基-3-甲基-1-二氢茚酮	1.90	—	—	—	—
5-甲基-2-乙酰基呋喃	—	0.06	—	—	—
5-甲基-5-十一碳烯	—	—	0.41	—	—
5,6-二甲基-2-苯并咪唑啉酮	—	—	—	1.63	2.39
4-乙酰基吡啶	—	—	—	—	0.19
4-乙烯基-2-甲氧基苯酚	3.66	2.50	1.30	1.89	3.30
4-羟基丁酸内酯	—	—	—	—	0.21
4-甲氧基苯乙烯	—	0.09	—	—	—

续表

化学名称	0min	15min	30min	45min	90min
4-甲氧基苯酚	—	0.39	—	—	—
4,8,13-二三烯-1,3-二醇（7CI）	—	—	0.89	—	—
4,7,9-巨豆三烯-3-酮	40.28	35.56	37.96	37.88	38.71
4-（羟甲基）-环己烷甲醛	10.42	—	—	—	12.50
3-烯丙基愈创木酚	—	—	0.43	—	—
3-羟基-β-大马酮	1.87	—	1.49	1.76	3.71
3-氯-2-甲氧基-5-吡啶硼酸	0.30	—	—	—	—
3-吡啶甲醛	—	—	—	0.15	0.33
3-（4,8,12-三甲基十三烷基）呋喃	2.30	—	1.99	2.01	1.80
3-（1,1-二甲基乙基）-α-甲基-苯丙醛	—	0.19	—	—	—
2-正戊基呋喃	—	0.23	—	—	—
2-正戊基呋喃	—	—	—	0.20	—
2-正戊基呋喃	—	—	—	—	0.25
2-异丙基-5-氧代己醛	—	—	—	—	0.37
2-乙酰基呋喃	—	—	0.35	0.37	0.17
2-乙酰基吡咯	3.82	1.72	2.51	2.80	4.67
2-双环［3.3.0］辛烯基-4-碳酰苯胺	—	—	2.90	—	—
2-羟基环十五烷酮	1.06	—	—	0.93	—
2-甲基十八烷酸	—	—	—	—	0.80
2-甲基-6-亚甲基-1,7-辛二烯-3-酮	—	—	—	—	0.30
2-甲基-6-庚烯-1-醇	—	0.16	—	—	—
2,6,6-三甲基-2-环己烯-1,4-二酮	0.32	0.54	0.71	0.90	1.02
2,6,6-三甲基-1-环己烯-1-羧醛	0.17	—	—	0.11	—
2,6,6-三甲基-1-环己烯-1-羧醛	—	—	—	—	—
2,3-二氢-2-甲氧苯并呋喃	—	0.85	—	—	—
2,3-二氢-2,2,6-三甲苯甲醛	0.42	0.59	0.38	0.45	0.45
2,3,6-三甲基萘醌	0.81	0.45	0.81	0.70	1.07
2,2,6-三甲基-1,4-环己二酮	—	0.15	0.16	0.17	0.18
2,2′,5,5′-四甲基联苯基	0.38	0.44	—	—	—
1-亚甲基-1H-茚	—	0.08	—	—	—
1-氯二十七烷	—	0.10	—	—	—

续表

化学名称	0min	15min	30min	45min	90min
1-甲基-7-(1-甲基乙基)-萘	—	—	0.74	—	-
18-甲基十九烷酸甲酯	—	—	—	0.22	0.28
17-甲基呋喃醛	—	1.22	—	—	—
16-甲基呋喃醛	1.33	—	0.68	—	—
14-十五碳烯酸	—	—	—	—	1.23
14-甲基呋喃醛	—	—	—	0.72	—
13-甲基呋喃醛	—	—	—	—	1.05
13-甲基-十四烷酸乙酯	—	0.93	—	—	—
1,7,7-三甲基三环 [2.2.1.02,6] 庚烷	—	21.48	—	—	—
1,5,8-三甲基四啉	0.46	—	—	—	—
1,2,3,4-四氢-1,6,8-三甲基萘	—	0.47	—	—	—
1,2,3,4-四氢-1,5,9-三甲基-萘	—	—	0.44	—	—
1,2,3,4-四氢-1,1,6-三甲基萘	2.92	2.93	2.23	1.58	2.69
1,2,3,4-四甲基萘	1.92	1.61	—	0.72	—
1,1,1-三甲基-1,2-二氢萘	—	1.59	—	—	1.39
(Z,Z,Z)-9,12,15-十八碳三烯-1-醇	—	—	—	—	2.29
(Z)-5-十五碳烯-7-炔	1.73	—	—	—	—
(Z)-3-十四碳烯	—	—	1.28	—	—
(Z)-1,4-十一碳二烯	—	—	0.11	—	—
(E)-1-(2,3,6-三甲苯基)丁-1,3-二烯（TPB，1)	8.04	6.06	6.00	6.26	5.59
(7Z)-7-十四碳烯	—	—	—	1.35	—

注："—"表示未检测出。

紫外辐照处理对 3#样品的影响结果如表 12.6 所示，香味物质总体含量在处理 15min 时大幅度下降，在 30min 时略有上升，在 45min 时含量继续增加且超过对照组，在 90min 组增加且高于 45min 组，香味物质含量（除新植二烯）比空白组香味物质含量增加 8.28%，新植二烯含量增加了 9.85%。棕榈酸、硬脂酸甲酯、乙基麦芽酚、香叶基丙酮等香味物质含量增加，五组处理相比，处理时间 90min 时效果最佳。

4#样品（烘丝后）检测结果如表 12.7 所示。

表 12.7　　　　　　　　4#样品 GC-MS 分析结果　　　　　单位：μg/g

中文名	烘丝后 0min	烘丝后 45min	烘丝后 90min
棕榈酸甲酯	19.39	13.96	15.59
棕榈酸	91.98	61.01	84.51
油酸酰胺	3.10	2.71	7.12
硬脂酸甲酯	3.07	1.89	2.48
硬脂酸	5.19	1.88	4.51
吲哚	1.43	0.62	0.81
乙酸苯乙酯	29.83	30.00	30.18
乙基麦芽酚	0.97	0.57	0.35
亚油酸甲酯	9.89	6.29	8.03
亚油酸	5.67	5.49	5.55
亚麻酸	31.32	14.34	28.29
溴甲基二甲基氯硅烷	1.50	0.58	—
香叶基香叶醇	1.09	0.97	1.41
香叶基丙酮	3.44	3.70	3.62
香树烯	0.99	0.87	2.50
惕格酸	0.15	0.29	—
十四酸甲酯	0.57	0.47	0.50
十七烷	—	0.23	0.39
十六烷	0.75	0.33	0.34
肉豆蔻酸	4.31	4.76	6.14
壬酸	—	1.55	1.25
麦芽醇	0.30	0.11	—
氯代十八烷	0.15	0.34	0.38
螺岩兰草酮	2.50	2.14	2.93
罗汉柏烯	0.99	—	0.81
邻苯二甲酸二异辛酯	0.15	1.25	1.41
芥酸酰胺	1.84	2.19	—

续表

中文名	烘丝后 0min	烘丝后 45min	烘丝后 90min
甲基庚烯酮	0.21	0.23	0.19
黑松醇	—	—	1.00
癸醛	—	0.48	0.39
菲	0.83	0.77	0.76
芳樟醇	0.91	0.89	0.89
反-2,6-壬二醛	0.15	0.16	0.18
二十一烷	0.65	—	0.72
二十五烷	0.80	0.50	—
二十烷	0.53	0.78	0.86
二十七烷	2.15	0.19	0.29
二氢猕猴桃内酯	9.55	5.54	4.97
对甲苯甲醚	0.08	—	0.06
对苯二甲酸二辛酯	0.83	0.81	0.82
丁香酚	—	0.46	—
大马士酮	10.62	9.71	9.62
苄醇	6.27	—	—
苯乙醛	5.46	9.53	8.61
苯乙醇	3.39	2.87	2.47
苯甲醛	0.36	0.35	0.32
薄荷醇	0.32	0.34	0.22
ALPHA-大马酮	1.16	0.84	0.93
β-紫罗兰酮	0.99	0.86	0.82

注："—"表示未检出。

紫外辐照处理对 4#样品的影响结果如表 12.7 所示，香味物质总体含量在处理 45min 时含量大幅度降低，在 90min 组较 45min 略有增加，但仍低于对照组。紫外处理 45min 组香味物质含量（除新植二烯）比空白组香味物质含量降低了 23.23%，新植二烯含量降低了 23.81%。紫外处理 90min 组香味物质含量（除新植二烯）比空白组香味物质含量降低了 10.14%，新植二烯含量降低了 20.84%。

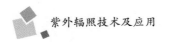

5#样品（加香后）检测结果如表 12.8 所示。

表 12.8　　　　　　　　5#样品 GC-MS 分析结果　　　　单位：μg/g

化学名	0min	15min	30min
棕榈酸乙酯	4.60	3.31	5.49
棕榈酸甲酯	22.66	21.09	28.44
棕榈酸	59.68	47.84	105.44
正十五烷酸，三甲基甲硅烷基酯	1.66	1.32	3.15
正十五碳醛	—	—	0.91
正十三烷	0.33	—	—
长叶醛	—	—	1.41
愈创木酚	—	0.31	—
油酸酰胺	1.49	3.03	3.97
硬脂酸甲酯	3.30	2.66	4.63
硬脂酸	1.93	1.33	3.38
吲哚	0.64	0.54	0.39
乙酸苯乙酯	27.37	27.37	27.37
乙基麦芽酚	5.76	5.78	7.13
叶绿醇	—	2.37	—
亚油酸甲酯	9.46	—	12.56
亚油酸	2.72	—	11.43
亚麻酸乙酯	2.87	—	—
亚麻酸	10.59	7.90	26.37
新植二烯	427.27	367.80	458.54
香叶基丙酮	3.44	5.84	6.16
西松烯	—	—	1.66
（Z）-α-赤藓烯环氧化物	—	0.33	—
十四烷酸，三甲基甲硅烷基酯	5.06	4.20	8.18
十四酸甲酯	0.62	0.64	0.81
十七烷	—	0.32	0.42
十七酸甲酯	2.73	2.22	—
十六烷	0.28	0.29	0.29

续表

化学名	0min	15min	30min
十八烷	1.50	—	—
三甲基甲硅烷基棕榈酸酯	6.62	5.19	11.22
肉豆蔻酸	2.31	2.22	2.75
肉豆蔻醛	0.73	0.71	—
壬酸	—	0.75	0.98
壬醛	—	2.40	3.46
茄尼酮	18.60	18.60	21.31
螺岩兰草酮	1.97	1.68	2.10
邻苯二甲酸二丁酯	0.87	0.64	1.09
邻苯二甲酸,丁基异己酯	0.69	—	—
金合欢基丙酮	0.65	10.21	—
间甲氧基苯乙酮	—	3.19	
甲基庚烯酮	0.31	—	0.75
己酸	—	—	1.33
黑松醇	4.43	3.63	6.05
癸醛	3.15	—	3.96
芳樟醇	0.85	0.76	0.76
反式菊醛	—	0.20	
反式-5-甲基-3-(甲基乙烯基)环己烯	19.03	—	—
反式-2-壬烯醛		—	0.53
反-2,6-壬二醛	—	0.32	0.31
法尼基丙酮	9.75	0.93	14.92
二十五烷	0.59	—	0.90
二十烷	0.31	1.92	1.00
二十四烷	—	0.49	—
二十七烷	—	—	2.65
二氢猕猴桃内酯	5.43	5.61	6.83
杜松-1(10),6,8-三烯	—	0.54	—
丁香酚	—	3.62	—
大马士酮	11.53	11.10	12.11
苄醇	5.50	5.76	5.78
苯乙醛	5.78	5.88	5.44

续表

化学名	0min	15min	30min
苯乙醇	3.17	3.33	3.40
苯甲酸苄酯	5.32	5.42	6.10
苯甲醛	0.91	—	0.73
薄荷醇	—	3.96	3.76
氨基甲酸苄酯	—	0.20	—
N-甲基-2-吡咯甲醛	—	0.17	—
L-薄荷醇	4.04	—	—
d 柠檬烯	—	0.21	—
alpha-松油醇	0.23	0.22	—
ALPHA-大马酮	1.32	1.35	1.53
9-甲基呋喃醛	—	0.71	—
9,12,26-十八碳三烯酸乙酯	—	1.44	3.13
9,12,15-十八烷三烯酸甲酯	20.87	18.02	27.69
8-甲基呋喃醛	—	—	0.53
7-甲基-十五烷	—	—	0.70
7,10,13-十六碳三烯酸甲酯	2.04	9.74	2.85
6-氨基-2,4-二甲基-5-甲氧基喹啉	0.60	—	0.61
6,10,14-三甲基-2-十五烷酮	3.09	3.83	6.51
5-异丙基苯胺	—	—	0.21
5-甲基苯酚	—	0.27	—
5,6-二甲基-2-苯并咪唑啉酮	—	1.78	—
4-乙烯基-2-甲氧基苯酚	2.36	—	2.77
4-亚甲基-1-甲基-2-（2-甲基-1-丙烯-1-基）-1-乙烯基-环庚烷	—	5.58	—
4-吡啶甲醛	—	—	0.18
4,8,13-二三烯-1,3-二醇（7CI）	1.21	—	1.48
4,7,9-巨豆三烯-3-酮	37.54	35.94	39.34
4-（羟甲基）-环己烷甲醛	—	1.54	—
3-烯丙基愈创木酚	3.00	—	3.79
3-羟基-β-大马酮	1.75	1.56	2.10
3-氯-2-甲氧基-5-吡啶硼酸	—	—	1.46

续表

化学名	0min	15min	30min
3-甲基菲	—	0.21	—
3-（4,8,12-三甲基十三烷基）呋喃	2.12	1.83	2.48
2-正戊基呋喃	—	0.22	0.22
2-异丙基-5-氧代己醛	—	—	0.75
2-乙酰基呋喃	0.34	0.40	0.21
2-乙酰基吡咯	2.78	2.98	3.24
2-甲基-3-（3-甲基-丁-2-烯基）-2-（4-甲基-戊-3-烯基）-氧杂环丁烷	0.91	—	—
2,6,6-三甲基-2-环己烯-1,4-二酮	0.28	0.42	0.49
2,6,6-三甲基-1-环己烯-1-羧醛	0.10	0.09	—
2,3-二氢-2,2,6-三甲基苯甲醛	—	0.23	—
2,3,6-三甲基萘醌	0.62	0.59	0.72
2,3,4,5-四甲基-三环［3.2.1.02,7］辛-3-烯	—	—	2.21
2,2,6-三甲基-1,4-环己二酮	—	0.13	—
2,2′,5,5′-四甲基联苯基	0.35	—	—
1-甲基-7-（1-甲基乙基）-萘	0.74	0.78	—
18-甲基十九烷酸甲酯	—	0.16	0.26
17-氯-7-十七炔	—	—	3.91
13-十四碳烯-11-炔-1-醇	—	—	2.44
10-甲基呋喃醛	0.72	—	—
10-甲基-十六烷酸甲酯	—	—	3.84
1,2,3,4-四氢-5,6,7,8-四甲基-萘	—	1.85	—
1,2,3,4-四氢-1,6,8-三甲基萘	—	0.50	—
1,2,3,4-四氢-1,1,6-三甲基萘	1.58	1.70	0.69
（R）-（+）-β-香茅醇	0.43	0.44	0.50
（E,E）-2,4-庚二烯醛	0.17	0.24	0.20
（E）-1-（2,3,6-三甲基苯基）丁-1,3-二烯（TPB,1）	5.68	6.12	6.54
（6R,7E,9R）-9-羟基-4,7-巨豆二烯-3-酮	1.36	—	—
β-紫罗兰酮	0.91	0.87	1.00

注："—"表示未检测出。

在分析的所有香味成分中，新植二烯是烟草中重要的致香物质。新植二烯在烟草燃烧时可直接进入烟气，具有减少刺激性和醇和烟气的作用。新植二烯可以携带烟叶中挥发性香气物质和致香成分进入烟气，故在烟叶增香方面发挥重要作用；另外，新植二烯还可进一步分解为低分子量的化合物，比如植物呋喃。紫外辐照处理对5#样品的影响结果如表12.8所示，新植二烯含量在紫外处理30min时最高，增长7.32%。在15min时相较于对照组下降8.10%。在30min组较15min组有增加且高于对照组，香味物质含量（除新植二烯）比空白组香味物质含量增加35.06%。

将5组样品的香味成分检测结果以新植二烯和香味物质总量分析，如表12.9所示。

表12.9　　　　①-⑤#样品经产臭氧紫外处理后香味物质变化　　　　单位：µg/g

样品状态	取样点	UV+O$_3$ 处理时间	新植二烯	总量
烟叶	预混后	0min	447.55	837.47
		45min	278.72	456.70
		90min	364.53	731.23
	加料后	0min	438.32	684.88
		45min	295.77	545.25
		90min	373.08	675.52
烟丝	切丝后	0min	382.90	787.39
		15min	283.10	506.84
		30min	345.48	652.93
		45min	354.01	737.6
		90min	420.61	858.61
	烘丝后	0min	456.61	827.74
		45min	347.88	632.68
		90min	361.46	694.96
	加香后	0min	427.27	801.59
		15min	367.80	711.79
		30min	458.54	964.10

由表12.9可以看出，各组的香味成分总量呈现先下降后上升的趋势。预

混后、加料后与烘丝后样品未经紫外辐射时效果最好；切丝后样品紫外辐射90min 组效果最好，加香后样品紫外辐射 30min 组效果最好。

经紫外处理后的样品改善了烟叶的香气成分。酸类物质如棕榈酸、肉豆蔻酸、正十五酸可以使烟气变得柔和且具有脂肪样气味，壬酸对烟气的香味影响较大，其含量越高越好。酮类物质如巨豆三烯酮可以增加纯正甘甜的气味，使烟气更加圆润；大马酮不仅扩散力很好，而且花香香气很强；香叶基丙酮带有一种花香香气。醛类物质如苯甲醛带有一种苦杏仁气息；苯乙醛稀释后带有一种水果甜香味；壬酸带有一种油脂气味，其香气为玫瑰、柑橘样；癸醛带有一种花香、蜡香和甜香。脂类物质如二氢猕猴桃内酯可以很好的降低刺激性；乙酸异戊酯本身具有一种香蕉的气味。酚类物质可以发生美拉德反应使烟叶颜色加深，其本身就是香味物质，而且在臭氧处理下可以生成一些新的香味物质，酚类物质在抽吸时可以产生酸，中和碱性物质，使烟气变得醇和。杂环类物质如吲哚是一种高度稀释后有香味物质的物质；呋喃类物质具有一种烘烤制品的味道。烟叶中的杂环化合物因为含有氮、硫、氧等，且具有很高价值的感官特性，因此对烟叶香气的影响很大。

12.3.2 经产臭氧紫外处理后常规化学成分的变化

5 组样品经产臭氧紫外处理后常规化学变化如表 12.10 所示。

表 12.10　　①-⑤#样品经产臭氧紫外处理后常规化学成分变化

名称	UV+O$_3$ 处理时间	总糖含量/%	还原糖含量/%	烟碱含量/%	钾含量/%	氯含量/%	糖碱比
预混后	0min	21.49±1.05ab	20.15±1.39b	2.04	2.02	0.56	10.53
	45min	21.75±0.79b	20.19±1.32b	2.22	2.07	0.63	9.80
	90min	24.38±0.94a	24.29±2.75a	2.05	2.05	0.57	11.89
加料后	0min	22.46±0.49a	19.89±0.61a	2.03	1.90	0.69	11.06
	45min	21.60±0.37c	21.31±0.81a	1.70	1.44	0.52	12.71
	90min	21.86±0.11b	20.30±0.2a	1.61	1.35	0.48	13.58
切丝后	0min	22.18±0.15a	21.09±0.52a	2.51	2.11	0.74	8.84
	15min	21.73±0.60a	21.05±0.48a	2.11	1.78	0.70	10.30
	30min	21.83±0.50a	20.25±0.32a	2.13	1.81	0.64	10.25
	45min	22.62±0.29a	20.35±0.22a	2.02	1.81	0.62	11.20
	90min	23.27±0.94a	20.10±0.47a	2.09	1.78	0.68	11.13

续表

名称	UV+O₃ 处理时间	总糖含量/%	还原糖含量/%	烟碱含量/%	钾含量/%	氯含量/%	糖碱比
烘丝后	0min	21.75±0.24a	21.78±0.58a	2.10	1.74	0.60	10.36
	45min	21.50±0.49a	19.87±1.33a	2.14	1.86	0.65	10.05
	90min	22.72±0.73a	21.94±0.74a	2.20	1.91	0.67	10.33
加香后	0min	22.76±0.7a	21.31±0.75ab	1.92	2.07	0.71	11.85
	15min	20.97±1.09b	19.80±0.75b	1.95	2.19	0.79	10.75
	30min	22.45±0.39a	20.55±0a	1.98	2.10	0.69	11.34

注：不同的小写字母表示差异性显著。

数据分析：

（1）紫外加臭氧处理预混后烟叶　以未经紫外加臭氧条件处理的预混后烟叶为对照，实验结果表明，预混后烟叶在紫外加臭氧的条件下照射45min后，还原糖与总糖含量均增加，糖碱比增加。总糖、还原糖的升高可能是由于化合物结构受紫外处理后发生变化，导致有些化合物转变为总糖或还原糖结构。在紫外加臭氧照射90min后，还原糖与总糖含量持续增加。糖碱比增加，且比45min组较高。

（2）紫外加臭氧处理加料后烟叶　以未经紫外加臭氧条件处理的加料后烟叶为对照，实验结果表明，加料后烟叶在紫外加臭氧的条件下照射45min后，总糖含量减少，还原糖含量增加，糖碱比增加。在紫外加臭氧照射90min后，总糖含量有所增加，还原糖含量减少。糖碱比增加，且比45min组较高。

（3）紫外加臭氧处理切丝后烟丝　以未经紫外加臭氧条件处理的加料后烟丝为对照，实验结果表明，切丝后烟丝在紫外加臭氧的条件下照射处理不同时间，还原糖和总糖含量变化不显著。糖碱比有所变化，呈增长趋势。

（4）紫外加臭氧处理烘丝后烟丝　以未经紫外加臭氧条件处理的烘丝后烟丝为对照，实验结果表明，加香后烟丝在紫外加臭氧的条件下照射不同时间，还原糖和总糖含量变化不显著。糖碱保持稳定。这可能是因为烟丝在烘丝过程中，充分进行美拉德反应、酶解等复杂的化学反应。经过这些反应之后，烟丝内部的化学成分基本稳定，尤其是糖类物质，因为美拉德反应、酶解等化学反应的原料多为糖类物质。所以经紫外照射后烘丝后的烟丝还原糖和总糖变化不显著，糖碱比保持稳定。

（5）紫外加臭氧处理加香后烟丝　以未经紫外加臭氧条件处理的加香后烟丝为对照，实验结果表明，加香后烟丝在紫外加臭氧的条件下照射 15min 时总糖和还原糖含量略有下降，照射 30min 时有所上升。糖碱比呈现先上升后下降的趋势。加香后烟丝经紫外照射后，糖碱比发生变化，这可能是因为烟丝的香液中含有少量糖类物质，经紫外照射后发生分解，从而使糖碱比发生浮动。

12.3.3　经产臭氧紫外处理后新植二烯、糖碱比的柱状图

1. 产臭氧紫外处理预混后烟叶

预混后烟片经紫外处理不同时间后，新植二烯的量呈现先下降后上升的趋势，糖碱比呈现先下降后上升的趋势。如图 12.1 所示，处理时间为 45min 时，与空白组相比，新植二烯含量降低了 37.72%，糖碱比降低了 6.93%。处理时间为 90min 时，与空白组相比，新植二烯含量降低了 18.55%，糖碱比增加了 12.92%。

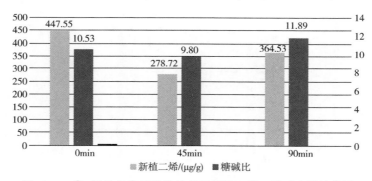

图 12.1　①#样品产臭氧紫外处理后新植二烯、糖碱比的柱状图

2. 紫外加臭氧处理加料后烟叶

加料后的烟叶经紫外处理不同时间后，新植二烯呈现先下降后上升的趋势，糖碱比呈现随时间的增加逐步上升的趋势。如图 12.2 所示，处理 45min

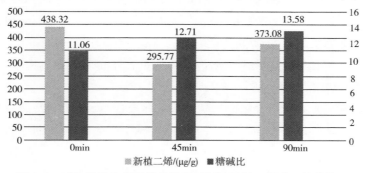

图 12.2　②#样品产臭氧紫外处理后新植二烯、糖碱比的柱状图

时，与空白组相比，新植二烯的含量降低了 32.52%，糖碱比增加了 14.92%。当处理时间 90min 时，与空白组相比，新植二烯含量降低了 14.88%，糖碱比增加了 22.78%。

3. 紫外加臭氧处理切丝后烟丝

切丝后烟丝经紫外处理不同时间后，新植二烯呈现先下降后上升的趋势，糖碱比呈现逐步增加后趋于平衡的趋势。如图 12.3 所示，切后烟丝在处理 15min 时，与空白组相比，新植二烯含量降低了 26.06%，糖碱比增加了 16.52%。切后烟丝在紫外处理 30min 时，与空白组相比，新植二烯含量降低了 9.77%，糖碱比增加了 15.95%。切后烟丝在紫外处理 45min 时，与空白组相比，新植二烯含量降低了 7.55%，糖碱比增加了 26.70%。在 90min 组增加且高于 45min 组，新植二烯含量增加了 9.85%，糖碱比增加了 25.90%。

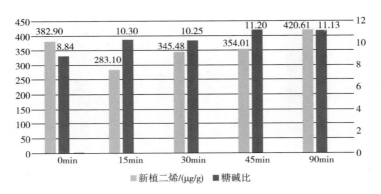

图 12.3　③#样品产臭氧紫外处理后新植二烯、糖碱比的柱状图

4. 紫外加臭氧处理烘丝后烟丝

烘丝后烟丝经紫外处理不同时间后，新植二烯呈现先下降后上升的趋势，糖碱比呈现先下降后上升的趋势。如图 12.4 所示，紫外处理 45min 组时，与空白组相比，新植二烯含量降低了 23.81%，糖碱比降低了 11.53%。紫外处理 90min 组，与空白组相比，新植二烯含量降低了 20.84%，糖碱比降低了 0.29%。

5. 紫外加臭氧处理加香后烟丝

加香后烟丝经紫外处理不同时间后，新植二烯呈现先下降后上升的趋势，糖碱比呈现先下降后上升的趋势。如图 12.5 所示，在紫外处理 30min 时，与空白组相比，新植二烯含量增长 7.32%，糖碱比降低了 10.23%。在紫外处理 15min 时，与空白组相比，新植二烯含量下降 8.10%，糖碱比降低了 4.50%。

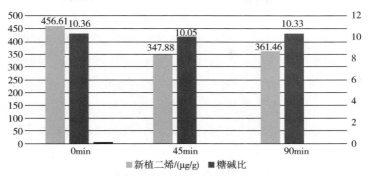

图 12.4 ④#样品产臭氧紫外处理后新植二烯、糖碱比的柱状图

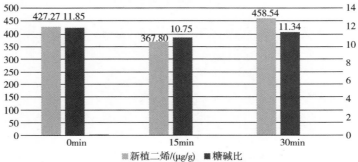

图 12.5 ⑤#样品产臭氧紫外处理后新植二烯、糖碱比的柱状图

12.3.4 经产臭氧紫外处理后生产线新植二烯、糖碱比的变化柱状图

1. 整个生产线各工序与各自空白组比较新植二烯的变化量

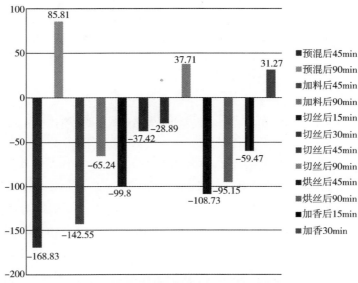

图 12.6 ①-⑤#样品产臭氧紫外处理后新植二烯变化量柱状图

如图 12.6 所示，在产臭氧紫外处理的条件下，预混后、切丝后和加香后三个工序处新植二烯含量由一开始减少，随着产臭氧紫外处理时间的增长，新植二烯含量相较与空白组减少量减少，并且随着产臭氧紫外处理时间的增长，最后新植二烯含量相较与空白组增加。如预混后 90min 组、切丝后 90min 组、加香后 30min 组。在产臭氧紫外处理的条件下，加料后和烘丝后两个工序处新植二烯减少量随着紫外臭氧处理时间的增长而减少。在产臭氧紫外处理不同时间的新植二烯含量与各自空白组比较，预混后产臭氧紫外处理 45min 组减少量最多为 168.83μg/g，预混后产臭氧紫外处理 90min 组新植二烯增加量最多为 85.81μg/g。

2. 整个生产线各工序与各自空白组比较糖碱比的变化量

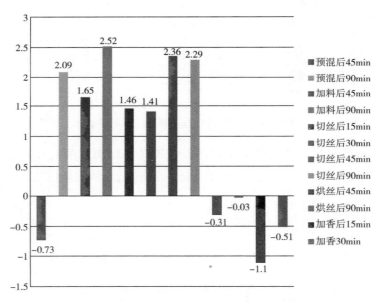

图 12.7　①-⑤#样品产臭氧紫外处理后糖碱比变化量柱状图

如图 12.7 所示，在产臭氧紫外处理的条件下，预混后工序处取样样品糖碱比相较于空白组随着产臭氧紫外处理时间的增长由一开始负向变化到正向变化。加料后和切丝后两个工序处糖碱比增加量随着产臭氧紫外处理时间的增长而增长。烘丝后和加香后两个工序处糖碱比的减少量随着产臭氧紫外处理时间的增长而减少。在产臭氧紫外处理不同时间的糖碱比与各自空白组比较，加香后产臭氧紫外处理 15min 组减少量最多为 1.1，加料后产臭氧紫外处理 90min 组糖碱比增加量最多为 2.52。

由图中不同工序处不同处理时间糖碱比的变化量可以看出，烘丝后样品经紫外辐射后，糖碱比基本保持稳定，这可能是因为烟丝在烘丝过程中，充分进行美拉德反应、酶解等复杂的化学反应。经过这些反应之后，烟丝内部的化学成分基本稳定，尤其是糖类物质，因为美拉德反应、酶解等化学反应的原料多为糖类物质。所以经紫外照射后烘丝后的烟丝还原糖和总糖变化不显著，糖碱比保持稳定。

加香后样品糖碱比相对于烘丝后样品的糖碱比浮动程度稍有增加，烟丝的香液中含有少量糖类物质，经紫外照射后发生分解，从而使糖碱比发生浮动。

12.3.5 正交试验结合评吸结果确定最优工艺

以紫外辐照时间（UV 0min、15min、30min、45min、90min）和烟丝平铺厚度（1mm、2mm、3mm）为两个维度做正交试验表，确定紫外辐照的最优工艺和烟丝平铺厚度。

如表 12.11 所示，切丝后的烟丝平铺厚度为 1mm，紫外辐照 90min 时，评吸效果最好，感官质量得分最高。并且随着烟丝平铺厚度的增加，感官质量得分呈下降趋势。因为紫外的穿透能力较弱，随着烟丝平铺厚度的增加，紫外无法穿透烟丝辐照，紫外辐照效果变差。

表 12.11 切丝后烟丝正交试验评吸结果

厚度	编号	香气质	香气量	浓度	柔细度	余味	杂气	刺激性	劲头	燃烧性	灰色
1mm	空白	8.61	8.50	8.01	7.89	8.02	8.26	7.90	8.00	8.00	8.00
	UV15min	8.00	8.30	8.10	7.85	7.85	8.30	8.00	8.00	8.00	8.00
	UV30min	8.25	8.33	8.05	7.85	7.85	8.30	7.89	8.00	8.00	8.00
	UV45min	8.55	8.50	7.90	7.92	8.29	8.06	8.00	8.00	8.00	8.00
	UV90min	8.70	8.63	8.12	7.96	7.90	8.32	8.00	8.00	8.00	8.00
2mm	空白	8.61	8.50	8.01	7.89	8.02	8.26	7.90	8.00	8.00	8.00
	UV15min	8.06	8.42	8.08	7.86	7.83	8.29	8.18	8.00	8.00	8.00
	UV30min	8.23	8.23	8.05	7.90	7.83	8.30	7.90	8.00	8.00	8.00
	UV45min	8.46	8.38	8.06	7.90	7.84	8.34	7.90	8.00	8.00	8.00
	UV90min	8.70	8.58	8.09	7.91	7.86	8.32	8.00	8.00	8.00	8.00

续表

厚度	编号	香气质	香气量	浓度	柔细度	余味	杂气	刺激性	劲头	燃烧性	灰色
	空白	8.61	8.50	8.01	7.89	8.02	8.26	7.90	8.00	8.00	8.00
	UV15min	7.95	8.34	8.09	7.87	7.89	8.25	7.93	8.00	8.00	8.00
3mm	UV30min	8.22	8.30	8.06	7.85	7.83	8.28	7.86	8.00	8.00	8.00
	UV45min	8.56	8.46	7.90	7.85	7.76	8.32	7.89	8.00	8.00	8.00
	UV90min	8.59	8.59	8.10	7.91	7.87	8.31	7.89	8.00	8.00	8.00

如表 12.12 所示，加香后烟丝平铺厚度为 1mm，紫外辐照 30min 时，评吸效果最好，感官质量得分最高。并且随着烟丝平铺厚度的增加，感官质量得分呈下降趋势。因为紫外的穿透能力较弱，随着烟丝平铺厚度的增加，紫外无法穿透烟丝辐照，紫外辐照效果变差。

表 12.12　　　　　　　　加香后烟丝正交试验评吸结果

厚度	编号	香气质	香气量	浓度	柔细度	余味	杂气	刺激性	劲头	燃烧性	灰色
	空白	8.95	8.88	8.76	8.80	9.13	8.76	8.75	8.00	8.00	8.00
1mm	UV15min	8.75	8.86	8.62	8.28	8.96	8.58	8.46	8.00	8.00	8.00
	UV30min	9.13	9.02	8.84	8.92	9.25	8.86	8.80	8.00	8.00	8.00
	空白	8.95	8.88	8.76	8.80	9.13	8.76	8.75	8.00	8.00	8.00
2mm	UV15min	8.76	8.85	8.65	8.30	8.95	8.34	8.47	8.00	8.00	8.00
	UV30min	9.05	8.99	8.83	8.91	9.19	8.85	8.80	8.00	8.00	8.00
	空白	8.95	8.88	8.76	8.80	9.13	8.76	8.75	8.00	8.00	8.00
3mm	UV15min	8.81	8.87	8.64	8.41	8.65	8.62	8.56	8.00	8.00	8.00
	UV30min	9.03	8.96	8.83	8.91	9.15	8.82	8.80	8.00	8.00	8.00

整体来说，切丝后的烟丝平铺厚度为 1mm，紫外辐照 90min 时，香气质和香气量明显升高，烟气浓度增大，杂气减少，感官品质最佳，评吸效果最好。加香后的烟丝平铺厚度为 1mm，紫外辐照 30min 时，评吸效果最好。

12.3.6 最优工艺流程图

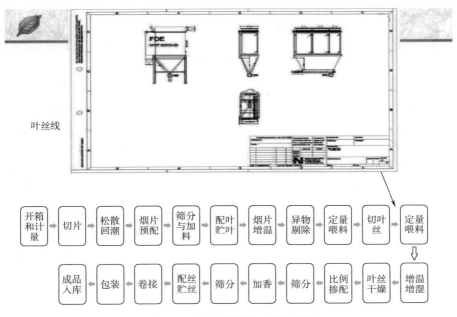

图 12-8 制丝线最佳工艺示意图

制丝线最佳工艺示意图如图 12.8 所示。根据上述实验结果表明：帝豪制丝线上产臭氧紫外辐照的最优工序为切丝后定量喂料前，最优处理时间为产臭氧紫外辐照 90min，所以在切丝柜与定量喂料机之间设置一个贮丝柜，内设紫外灯进行照射。

12.3.7 经产臭氧紫外处理后烟丝主流烟气的变化

切丝后烟丝紫外辐照对主流烟气的影响如表 12.13 所示。

表 12.13 切丝后烟丝紫外辐照对主流烟气的影响

	中文名称	英文名称	含量/（μg/g）	
			对照组	90min
	烟碱	Pyridine,3-（1-methyl-2-pyrrolidinyl）-,（S）-	4912.71	4965.78
醇类	香叶基香叶醇	trans-Geranylgeraniol	—	22.30
	二氢香芹醇	Neodihydrocarveol	—	48.42
醛类	5-甲基呋喃醛	2-Furancarboxaldehyde,5-methyl-	360.56	350.28
	苯乙醛	Benzeneacetaldehyde	—	38.04

续表

| 中文名称 | 英文名称 | 含量/（μg/g） | |
		对照组	90min
酸类 棕榈酸	n-Hexadecanoic acid	907.12	830.05
硬脂酸	Octadecanoic acid	44.92	43.37
亚油酸	9,12-Octadecadienoic acid（Z,Z）-	117.67	71.34
亚麻酸	9,12,15-Octadecatrienoic acid,（Z,Z,Z）-	319.62	250.35
肉豆蔻酸	Tetradecanoic acid	133.45	91.04
十五酸	Pentadecanoic acid	75.74	61.49
14-甲基-甲酯十七烷酸	Heptadecanoic acid,14-methyl-,methyl ester	—	14.48
酯类 柠檬酸三丁酯	Butyl citrate	—	45.86
乙酰柠檬酸三丁酯	Tributyl acetylcitrate	66.26	—
三乙酸甘油酯	Triacetin	1094.21	—
棕榈酸甲酯	Hexadecanoic acid,methyl ester	85.15	109.66
亚油酸甲酯	9,12-Octadecadienoic acid（Z,Z）-,methyl ester	106.13	128.22
亚麻酸甲酯	9,12,15-Octadecatrienoic acid,methyl ester,（Z,Z,Z）-	92.47	118.85
酮类 2-羟基-3-甲基-2-环戊烯-1-酮	2-Cyclopenten-1-one,2-hydroxy-3-methyl-	—	59.04
甲基环戊烯醇酮	2-Cyclopenten-1-one,2-hydroxy-3-methyl-	90.05	—
1-茚酮	1H-Inden-1-one,2,3-dihydro-	122.69	85.22
苯乙酮	Acetophenone	102.07	—
9-芴酮	9H-Fluoren-9-one	51.62	—
1,2-环己二酮	1,2-Cyclohexanedione	—	21.49
3'-甲基苯乙酮	Ethanone,1-（3-methylphenyl）-	75.94	—
2,3-二甲基-2-环戊烯酮	2-Cyclopenten-1-one,2,3-dimethyl-	191.94	106.49
1-（2,4,5-三乙基苯基）-乙酮	Ethanone,1-（2,4,5-triethylphenyl）-	96.06	—
2-羟基-环十五烷酮	Cyclopentadecanone,2-hydroxy-	105.62	69.71

续表

中文名称	英文名称	含量/（μg/g）	
		对照组	90min
酮类 2,3,6-三甲基-1,4-萘二酮	1,4-Naphthalenedione,2,3,6-trimethyl-	136.02	69.62
巨豆三烯酮	Megastigmatrienone	325.20	236.80
二烯酮	Solavetivone	132.70	86.01
4-甲基-2（H）-呋喃酮	4-Methyl-5H-furan-2-one	—	11.00
2-羟基-3,4-二甲基-2-环戊烯-1-酮	2-Cyclopenten-1-one,2-hydroxy-3,4-dimethyl-	—	20.74
3,4-二甲基-2-环戊烯-1-酮	2-Cyclopenten-1-one,3,4-dimethyl-	—	30.32
酚类 愈创木酚	Phenol,2-methoxy-	124.96	72.22
邻苯基苯酚	o-Hydroxybiphenyl	61.66	—
2-甲氧基-4-（1-丙烯基）-苯酚	Phenol,2,5-dimethyl-	—	103.75
邻甲酚	Phenol,2-methyl-	200.46	135.82
异丁香酚	Phenol,2-methoxy-4-（1-propenyl）-	113.45	—
2,4-二甲基苯酚	Phenol,2,4-dimethyl-	177.68	59.52
对甲基苯酚	p-Cresol	515.71	441.24
间甲酚	Phenol,3-methyl-	107.68	43.26
苯酚	Phenol	419.86	400.18
4-乙基苯酚	Phenol,4-ethyl-	267.19	—
2,3-二甲基苯酚	Phenol,2,3-dimethyl-	47.28	214.34
2-甲氧基-3-（2-丙烯基）-苯酚	Phenol,2-methoxy-3-（2-propenyl）-	101.77	—
4-乙基愈创木酚	Phenol,4-ethyl-2-methoxy-	—	31.87
对乙烯基愈疮木酚	2-Methoxy-4-vinylphenol	200.01	158.16
2-乙基-6-甲基苯酚	Phenol,2-ethyl-6-methyl-	—	36.08
（Z）-2-甲氧基-4-（1-丙烯基）-苯酚	Phenol,2-methoxy-4-（1-propenyl）-,（Z）-	—	93.53

续表

中文名称	英文名称	含量/（μg/g）	
		对照组	90min
烷烃 正二十烷	Eicosane	—	11.42
环十二烷	Cyclododecane	63.21	—
正十三烷	Tridecane	45.01	—
正十五烷	Pentadecane	67.13	—
二十二烷	Docosane	10.73	—
二十九烷	Nonacosane	8.79	—
烯炔类 BETA-葎草烯	.beta.-Humulene	36.85	—
柠檬烯	Limonene	—	19.94
罗勒烯	1,3,7-Octatriene,3,7-dimethyl-	87.93	—
2,6-二甲基-2,4,6-辛三烯	2,4,6-Octatriene,2,6-dimethyl-	41.39	—
1-乙酰环己烯	Ethanone,1-（1-cyclohexen-1-yl）-	—	37.33
1-十四碳烯	1-Tetradecene	73.76	—
2-甲基-6-亚甲基-1,7-辛二烯	1,7-Octadiene,2-methyl-6-methylene-	24.78	—
2-甲基-3-苯基-1-丙烯	Benzene,（2-methyl-2-propenyl）-	77.38	41.39
右旋萜二烯	D-Limonene	939.34	—
（E,Z）-2,6-二甲基-2,4,6-辛三烯	2,4,6-Octatriene,2,6-dimethyl-,（E,Z）-	52.48	—
香树烯	Alloaromadendrene	—	87.49
γ-新丁香三环烯	gamma.-Neoclovene	77.80	—
石竹烯	Caryophyllene-（I1）	35.66	33.14
（+）-4-蒈烯	（+）-4-Carene	—	136.57
4-亚甲基-6-（1-亚丙烯基）-环辛烯	Cyclooctene,4-methylene-6-（1-propenylidene）-	—	21.53
Z-1,6十三碳烯	Z-1,6-Tridecadiene	—	22.43
（E）-4-十六碳烯-6-炔	4-Hexadecen-6-yne,（E）-	72.93	—
3-苯基-1-丙炔	1-Propyne,3-phenyl-	146.78	—
（R）-1-甲基-4-（1-甲基乙基）-环己烯	Cyclohexene,1-methyl-4-（1-methylethyl）-,（R）-	72.18	—

续表

	中文名称	英文名称	含量/（μg/g）	
			对照组	90min
	萘	Naphthalene	—	50.95
	喹啉	Quinoline	56.79	—
	2-甲基萘	Naphthalene,2-methyl-	130.94	82.66
	1,2,4-三甲基-苯	Benzene,1,2,4-trimethyl-	93.67	—
	异喹啉	Isoquinoline	—	26.18
	苯乙腈	Benzyl nitrile	54.13	23.01
	1,2-二氢萘	Naphthalene,1,2-dihydro-	76.06	—
	1,2,3,4-四甲基苯	Benzene,1,2,3,4-tetramethyl-	82.04	—
	间异丙基甲苯	Benzene,1-methyl-3-(1-methylethyl)-	31.32	
	1,3-二甲基萘	Naphthalene,1,3-dimethyl-	87.30	
	2,6-二甲基萘	Naphthalene,2,6-dimethyl-	88.47	
	2,7-二甲基萘	Naphthalene,2,7-dimethyl-	136.26	
	1-甲基蒽	Anthracene,1-methyl-	56.19	
	邻乙基甲苯	Benzene,1-ethyl-2-methyl-	27.56	
	1-甲基-1H-茚	1H-Indene,1-methyl-	130.40	52.08
苯系	2,3,6-三甲基萘	Naphthalene,2,3,6-trimethyl-	65.04	
	1-甲基芴	9H-Fluorene,1-methyl-	—	32.24
	2-甲基芴	9H-Fluorene,2-methyl-	99.14	
	2-丁烯基-苯	Benzene,2-butenyl-	40.02	
	1-亚甲基-1H-茚	1H-Indene,1-methylene-	109.33	
	2,4,6-三甲基苯甲腈	Benzonitrile,2,4,6-trimethyl-	93.94	57.36
	1,2-二氢-3-甲基-萘	Naphthalene,1,2-dihydro-3-methyl-	—	39.78
	1,2,3,4-四甲基-萘	Naphthalene,1,2,3,4-tetramethyl-	78.99	
	2,3-二甲基-1H-茚	1H-Indene,2,3-dimethyl-	—	
	2-甲基-苯并呋喃	Benzofuran,2-methyl-	—	18.56
	9-亚甲基-9H-芴	9H-Fluorene,9-methylene-	41.60	23.34
	异丙烯基甲苯	o-Isopropenyltoluene	139.25	
	4-甲基-3-苯基-吡唑	Pyrazole,4-methyl-3-phenyl-	120.87	93.51
	1,1-二甲基-1H-茚	1H-Indene,1,1-dimethyl-	141.73	
	2-丁基-5-己基八氢-1H-茚	1H-Indene,2-butyl-5-hexyloctahydro-	—	26.00
	9,10-二氢-1-甲基-菲	Phenanthrene,9,10-dihydro-1-methyl-	—	5.95

续表

中文名称		英文名称	含量/（μg/g）	
			对照组	90min
酰胺类	肉豆蔻酰胺	Tetradecanamide	23.79	—
	芥酸酰胺	13-Docosenamide，（Z）-	35.42	32.31
	油酸酰胺	9-Octadecenamide，（Z）-	89.72	87.36
其他	3-甲基吲哚	1H-Indole，3-methyl-	235.30	173.22
	皮蝇磷	Cyclohexene，4-methylene-1-（1-methylethyl）-	188.41	—
	吲哚	Indole	192.86	135.53
	三环［3.1.0.0（2,4）］己-3-烯-3-腈	Tricyclo［3.1.0.0（2,4）］hex-3-ene-3-carbonitrile	—	11.02
	3-乙烯基吡啶	Pyridine，3-ethenyl-	—	77.31
	2,5-二甲基吲哚	1H-Indole，2,5-dimethyl-	—	59.74
	2-甲氧基-4,6-二甲基-3-吡啶甲腈	3-Pyridinecarbonitrile，2-methoxy-4,6-dimethyl-	—	37.51

与空白对照组相比，紫外臭氧处理90min组醛类、酸类、酯类、酮类、酰胺类和酚类物质含量相似；烷烃和苯系物质不论从种类还是含量都显著性减少，苯系物不仅影响卷烟感官评吸，而且对人体有潜在的危害，因此，紫外臭氧处理90min后，提高了卷烟安全性。

12.4 小　　结

本章以帝豪生产线上预混后（加料前）、加料后、切丝后、烘丝后和加香后5个生产点选取的烟叶、烟丝和梗丝为材料，研究产臭氧紫外辐照对生产线上不同工序处烟叶品质的影响。研究表明，在制丝生产线进行产臭氧紫外处理时，切丝后和加香后两个工序的样品处理后效果最好：切丝后的烟丝随着处理时间的增加，香味物质总量呈现先下降后上升的趋势，90min含量增加明显，糖碱比适宜；加香后的烟丝处理30min效果最好，新植二烯和香味物质总量均有所上升，总糖和还原糖含量略有上升；对其他两个工序的样品作用不大，或者造成香味物质损失。最优工艺为将切丝后的烟丝紫外处理

90min、加香后的烟丝紫外处理 30min 即可达到最好效果。正交试验显示，将烟丝平铺 1mm，切丝后的烟丝紫外处理 90min、加香后的烟丝紫外处理 30min，评吸效果最好。主流烟气分析表示，紫外处理 90min 的烟丝醛类、酸类、酯类、酮类、酰胺类和酚类物质含量变化不大，烷烃和苯系物质种类和含量都显著减少，提高了卷烟的安全性。

①对切丝后的烟丝进行产臭氧紫外处理，随着处理时间的增加，香味物质总量呈现先下降后上升的趋势，新植二烯含量也呈现先下降后上升的趋势，切后烟丝在紫外处理 45min 时，香味物质（除新植二烯）总体含量降低了 5.17%，新植二烯含量较空白组降低了 7.55%，在 90min 组增加且高于 45min 组，香味物质含量（除新植二烯）比空白组香味物质含量增加 8.28%，新植二烯含量增加了 9.85%。对切丝后的叶片进行产臭氧紫外处理，总糖和还原糖含量无显著性差异，但糖碱比以处理时间 45min 组和 90min 组最好，糖碱比分别为 11.20 和 11.13。

②加香后的烟丝进行产臭氧紫外处理后，新植二烯含量在紫外处理 30min 时最高，增长 7.32%。香味物质含量（除新植二烯）在 30min 组较 15min 组有增加且高于对照组，香味物质含量（除新植二烯）比空白组香味物质含量增加 35.06%。烟丝在紫外加臭氧的条件下照射 15min 时总糖和还原糖含量略有下降，照射 30min 时有所上升。

③正交试验结合评吸结果表明，切丝后的烟丝平铺厚度为 1mm，紫外辐照 90min 时，评吸效果最好，气质和香气量明显升高，烟气浓度增大，杂气减少，感官品质最佳，感官质量得分最高。加香后的烟丝平铺厚度为 1mm，紫外辐照 30min 时，评吸效果最好。并且随着烟丝平铺厚度的增加，感官质量得分呈下降趋势。主流烟气分析表示，紫外臭氧处理 90min 组醛类、酸类、酯类、酮类、酰胺类和酚类物质含量相似，烷烃和苯系物质的种类和含量显著性减少，提高了卷烟安全性。

④对预混后（加料前）的烟叶进行产臭氧紫外处理，处理时间为 45min 与 90min 时，新植二烯的含量和香味物质总量对比未经紫外臭氧处理的烟叶都有不同程度下降；总糖 90min 组较 45min 组总糖含量增加了 13.45%；还原糖含量 90min 组较空白组有显著性差异，还原糖含量增加了 20.55%。糖碱比在紫外处理 90min 时最高为 11.89。

⑤对加料后的烟叶进行产臭氧紫外处理 45min 时，新植二烯的含量和香

味物质总量也出现了下降的情况，新植二烯的含量较空白组降低了 32.52%，香味物质含量（除新植二烯）较空白组无变化。总糖含量 45min 组和 90min 组与空白组有显著性差异，并且 45min 组与 90min 组有显著性差异，90min 组较 45min 组总糖含量减少了 2.67%。随着处理时间的增加，糖碱比呈现上升的趋势，在 90min 组最高为 13.58。

⑥对烘丝后的烟丝进行产臭氧紫外处理后，处理时间为 45min 和 90min 时，出现了新植二烯和香味物质总量下降的情况；三组之间总糖和还原糖含量无显著性差异，糖碱比在紫外处理 45min 时最低为 10.05。

13
紫外辐照对卷烟物理指标和有害成分的影响

本章根据国标和行标规定的检测方法，研究了产臭氧紫外辐照对卷烟物理指标和有害成分的影响。结果表明，产臭氧紫外辐照对烟片、烟丝和空白烟支的物理指标影响不大，产臭氧紫外辐照 90min 后会使烟片和烟丝抗张强度及含水率降低，对填充值、质量、硬度、吸阻等物理指标影响不大。产臭氧紫外辐照 30min 对切丝后的烟丝有害成分影响不大，间苯二酚、苯并芘、巴豆醛、CO 等有害成分略微降低。产臭氧紫外辐照 15min，烟草甲全部死亡。

13.1 材料与方法

13.1.1 材料与试剂

以河南许昌中部烟叶、帝豪生产线切丝后烟丝以及标准空白烟支、烟草甲（成虫）为实验材料。

试剂如表 13.1 所示，均为分析纯。

表 13.1　　　　　　　　　实验试剂

试剂	厂家
二氯甲烷	天津市富宇精细化工有限公司
无水硫酸钠	天津市科密欧化学试剂有限公司
氯化钠	天津市永大化学试剂有限公司
标样化合物乙酸苯乙酯	北京百灵威科技有限公司

13.1.2 主要仪器和设备

主要仪器和设备如表 13.2 所示。

表 13.2	实验仪器
仪器	公司
Agilent 6890GC/5973MS 气质联用仪	美国安捷伦（Agilent）公司
DSH-10A 型水分测定仪	上海佑科仪器有限公司
DCP-KZ300A（R）电脑测控抗张试验机	四川长江造纸仪器有限公司
YDZ430 型烟丝填充值测定仪	郑州嘉德机电科技有限公司
APD-2-V 吸阻测定仪	菲尔创纳公司
RM20H 吸烟机	德国博瓦特凯西公司
1525 高效液相色谱仪	美国沃特世公司
800 系列热能分析仪	英国 Ellutia

13.2 实 验 方 法

抗张强度使用 DCP-KZ300A（R）电脑测控抗张试验机，填充性使用 YDZ430 型烟丝填充值测定仪并参照相关标准检测，其他指标检测方法参照国家标准及行业标准检测。

苯并芘根据行标《BS ISO22634——2008 烟草 烟草主流烟雾中苯并芘的测定 气相色谱/质谱方法》测定。

苯酚根据行标《YCT 255——2008 主流烟气中主要酚类化合物的测定-高效液相色谱法》测定。

HCN 根据行标《卷烟主流烟气中 HCN 的测定 连续流动法》测定。

亚硝胺根据国标《GB/T 28971——2012 卷烟侧流烟气中烟草特有 N-亚硝胺的测定 气相色谱-热能分析仪》测定。

巴豆醛根据行标《高效液相色谱测定卷烟主流烟气中巴豆醛》测定。

CO 根据国标方法由吸烟机测定。

选取烟草甲成虫 30 头，将供试虫源附着在许昌中烟叶上（约 50g），用纱布包好，放入 1500g 片烟中，在 198nm 紫外灯下作用 15min 后，调查成虫的死亡率（用毛笔轻触虫体，无反应视作死亡）。

13.3 结果与讨论

13.3.1 产臭氧紫外辐照对卷烟物理指标的影响

产臭氧紫外辐照对卷烟物理指标的影响如表 13.3、表 13.4、表 13.5 所示。

表 13.3　　　　　　　　产臭氧紫外辐照对烟片物理指标的影响

烟片	抗张强度/（kN/m）	含水率/%	抗张力/N
空白组	0.19±0.03a	10±1.2a	2.80±0.8a
45min	0.16±0.02ab	8±0.7b	2.75±0.9a
90min	0.13±0.02b	7±1.0b	2.78±1.0a

注：不同的小写字母表示显著性差异。

表 13.4　　　　　　　产臭氧紫外辐照对切丝后烟丝物理指标的影响

烟丝	含水率/%	填充性
空白组	12.3±0.5a	4.01±1.2a
45min	11.6±0.6b	3.85±0.8a
90min	9±0.3c	3.95±0.9a

注：不同的小写字母表示显著性差异。

表 13.5　　　　　　　产臭氧紫外辐照对标准烟支物理指标的影响

烟支	质量/g	长度/mm	吸阻/Pa	硬度/%
空白组	0.88±0.07a	84±0.4a	975±12a	62.3±1.2a
15min	0.86±0.05a	84±0.4a	970±10a	61.9±1.0a
30min	0.82±0.05a	84±0.4a	968±9a	61.0±1.3a

注：不同的小写字母表示显著性差异。

试验选用河南许昌中部烟叶、帝豪生产线切丝后烟丝以及标准空白烟支进行物理特性检测，烟片抗张强度紫外辐照 45min 组与空白组无显著变化，90min 组与空白组变化显著，90min 组烟片抗张强度降低了 31.58%；烟片的含水率紫外辐照 45min 组与空白组变化显著，降低了 20%。紫外辐照 90min 组与空白组相比含水率降低了 30%。紫外辐照 45min 组与 90min 组无显著变化；烟片的抗张力紫外辐照 45min 组、90min 组与空白组三组无显著变化。

烟丝的含水率紫外辐照 45min 组与空白组变化显著，含水率降低了5.69%。紫外辐照 90min 组含水率与 45min 组相比降低了 22.41%、与空白组相比降低了 26.83%；烟丝填充值紫外辐照 90min 组、45min 组与空白组三组之间无显著性变化。

烟支紫外辐照 15min 组、30min 组与空白组三组烟支质量、长度、吸阻、硬度无显著性变化。

13.3.2 产臭氧紫外辐照对卷烟有害成分的影响

产臭氧紫外辐照对卷烟有害成分的影响如表 13.6 所示。

表 13.6 产臭氧紫外辐照对标准烟支有害成分的影响

	测定指标	0min	30min
	间苯二酚	1.307μg/mL	1.318μg/mL
	邻苯二酚	2.822μg/mL	2.451μg/mL
	苯并芘	1.35μg/支	1.29μg/支
苯酚	HCN	43.68μg/支	43.71μg/支
	亚硝胺	3.36ng/支	3.43ng/支
	巴豆醛	30.19μg/支	30.03μg/支
	CO	6.59mg/支	6.38mg/支

经过紫外辐射 30min 后的烟丝卷制之后经吸烟机抽吸后，收集到的烟气物质中邻苯二酚的含量增加了 0.84%，几乎与空白组没有变化。而间苯二酚的含量减少了 13.1%。紫外辐照 30min 组的氢氰酸含量与空白组相比增加了 0.069%，几乎没有变化；紫外辐照 30min 组的亚硝胺含量与空白组相比增加了 2.08%，变化不显著。紫外辐照 30min 组的巴豆醛含量与空白组相比减少了 0.53%，变化不显著。紫外辐照 30min 组的 CO 含量与空白组相比减少了 3.19%。

13.3.3 产臭氧紫外辐照对烟草甲的影响

产臭氧紫外辐照 15min 后，烟草甲全部死亡，死亡率为 100%。辐照 10min，死亡率为 80%。

13.4 小 结

本章根据国标和行标规定的检测方法，研究了产臭氧紫外辐照对卷烟物理指标和有害成分的影响。结果表明，产臭氧紫外辐照对烟片、烟丝和空白烟支的物理指标影响不大，产臭氧紫外辐照 90min 后会使烟片和烟丝抗张强度及含水率降低，对填充值、质量、硬度、吸阻等物理指标影响不大。产臭氧紫外辐照 30min 对切丝后的烟丝有害成分影响不大，间苯二酚、苯并芘、巴豆醛、CO 等有害成分略微降低。产臭氧紫外辐照 15min 后，烟草甲全部死亡。

参考文献

［1］郭宝江,伍育源,阮继红.5MeV 电子辐射对水稻诱变效应的研究［J］.遗传学报,1982,9(6):461-467.

［2］汪丽虹,王崇英,杨汉民.55key 加速电子束和 7Me06+离子束辐照枸杞种子后的非按期 DNA 合成［J］.核农学报,1995,2:91-94.

［3］李光涛,曹阳孙.辐照技术在储粮害虫防治中的应用［J］.粮食储藏,2007,2:10-16.

［4］苏营轩,陈飞.辐照技术在绿色储粮中的应用研究［J］.粮食储藏,2013,5:17-22.

［5］王海,屠康.辐射技术防治储粮害虫研究进展［J］.粮食储藏,2006,(5):3-7.

［6］Chen J,Hu Y,Wang J,et al. Combined effect of ozone treatment and modified atmosphere packaging on antioxidant defense system of fresh-cut green peppers［J］. Journal of Food Processing & Preservation,2016,40(5):1145-1150.

［7］Yang Y,Zhang C,Hu L,et al. The fresh-keeping effect of ozone treatment and low temperature on Agaricus bisporus［J］. Acta Agriculturae Universitis Jiangxiensis,2005,(01):29-33.

［8］Diao S,Laihao L I,Cen J,et al. Preservation effect of ozone water on anchovy(Engraulis japonius) during controlled freezing-point storage［J］. South China Fisheries Science,2011,7(3):8-13.

［9］Wang H Y,Zeng K F,Jia N,et al. Recent advances in applications of ozone water in storage and preservation of fresh-cut vegetables［J］. Food Science,2012,100(24):243111-243111.

［10］Yang J L,Dong Q. Application of ozone sterilization in food industry［J］. Science & Technology of Food Industry,2009,30(5):353-357.

［11］Hai-Bo L I,Ke-Hong N I,Zheng H P,et al. Study of sulfur dioxide degradation device based on ozone technology[J]. Journal of Zhejiang International Maritime College, 2007, 15(6):104-108.

[12] Vilve M, Hirvonen A, Sillanpaa M. Ozone – based advnced oxidation processes in nuclear laundry water treatment[J]. Environmental Technology, 2007, 28(9):961-968.

[13] Rivas F J, Beltrán F, Gimeno O, et al. Stabilized leachates: ozone–activated carbon treatment and kinetics[J]. Water Research, 2003, 37(20): 4823-4834.

[14] Robertson J L , Oda A. Combined application of ozone and chlorine or chloramine to reduce production of chlorinated organics in drinking water disinfection [J]. Ozone Science & Engineering, 1983, 5(2):79-93.

[15] Fonseca P M M, Zângaro R A. Disinfection of dental instruments contaminated with streptococcus mutans using ozonated water alone or combined with ultrasound[J]. Ozone Science & Engineering, 2015, 37(1):85-89.

[16] Bicknell D L, Jain R K. Ozone disinfection of drinking water–technology transfer and policy issues[J]. Environmental Engineering and Policy, 2001, 3(1): 55-66.

[17] Katz J. Ozone and chlorine dioxide technology for disinfection of drinking water[J]. IAHS–AISH Publication, 1980, 27(19):54-56.

[18] Shortes SR, Penn TC. Method for removing photoresist layer from substrate by ozone treatment. 4341592 [P]. US. 1982.

[19] Yeom IT, Lee KR, Ahn KH. Effects of ozone treatment on the biodegradability of sludge from municipal wastewater treatment plants[J]. Water Science & Technology, 2002, 46(4-5):421-425.

[20] Valdés H, Sánchezpolo M, Riverautrilla A J. Effect of ozone treatment on surface properties of activated carbon[J]. Langmuir, 2002, 18(6):2111-2116.

[21] Bocci V, Luzzi E, Corradeschi F, et al. Studies on the biological effects of ozone:. Production of transforming growth factor by human blood after ozone treatment[J] Journal of Biological Regulators & Homeostatic Agents, 1994, 8(4):108.

[22] Molleker D. Building ozone treatment system and method. 20040067178 [P]. US. 2004.

[23] 伍小红. 臭氧对苹果的贮藏保鲜及农药残留降解作用的研究[D]. 陕

西师范大学,2006.

[24]余志成,周秋宝,黄智超,等. 抗紫外线真丝织物的研制[J]. 丝绸,2003,(5):40-41.

[25]闫克玉. 卷烟烟气化学[M]. 郑州:郑州大学出版社,2002.

[26]Stapleton D R. Photolytic destruction of halogenated pyridines in wastewaters [J]. Process Safety and Environmental Protection,2006,84(B4):313-316.

[27]Stapleton D R. 2-Hydroxypyridine photolytic degradation by 254 nm UV irradiation at different conditions[J]. Chemosphere,2009,77(8):1099-1105.

[28]David R. Stapleton. Photolytic removal and mineralization of 2-halogenated pyridines[J]. Water Research,2009,43(16):3964-3973.

[29]王卫. 国外臭氧技术及应用手册[M]. 德国安思罗斯公司,1991.

[30]白希尧,张芝涛,白敏菂,等. 臭氧产生方法及其应用[J]. 自然杂志,2000,(6):347-354.

[31]储金宇,吴春笃,陈万金. 臭氧技术及应用[M]. 北京:化学工业出版社,2012.

[32]卢振军. 臭氧在畜牧行业的应用[J]. 山东畜牧兽医,2014,35(7):49-50.

[33]张秋芳,刘奕平,刘波,等. 烟草主要酚类物质研究进展[J]. 福建农业学报,2006,(2):158-163.

[34]于永茂,张淑华. 紫外线加速烟叶发酵的方法:中国,89106928.3 [P]. 1991-3-13.

[35]王应昌,陈云堂,王桂芝,等. 原烟辐照醇化实验研究[J]. 烟草科技,1991(4):12-14.

[36]陈云堂,王应昌,马伯录,等. 烟叶和卷烟辐照醇化效果的研究[J]. 核农学报,1999,(4):23-27.

[37]唐承奎,张沄. 辐射技术在烟草工业中的新用途[J]. 动物学研究,1985,(S1):60.

[38]迟广俊,何金星,何小明. 优化烟草上部原料烟叶的方法,03148831.5 [P]. 2004-04-07.

[39]彭程,周冀衡,张一扬,等. 60Co-γ辐照对烟梗主要化学成分的影响[J]. 作物研究,2008,22(1):33-35.

[40]王应昌,蔡国良,陈云堂,等. 卷烟和烟叶辐射防虫防霉效果研究[J].

烟草科技,1985,(4):44-50.

[41]谢宗传,曹虹,陈炳松,等.卷烟辐照防霉实验[J].烟草科技,1988,(5):24-26.

[42]朱夕初,徐庄,李云英,等.卷烟辐照防霉实验[J].江苏农业科学,1988,(12):33-34.

[43]刘践,谢宗传,张克林,等.卷烟辐照防霉的经济可行性评价[J].商品储运与养护,2001,(1):42-43.

[44]唐承奎,张沄.辐射技术在烟草工业中的新用途[J].动物学研究,1985,(S1):60.

[45]Boenig H V,Lambertson W A,Braun W J,et al. Method of reducing irritants in tobacco by gamma irradiation,US3358694[P].1967.

[46]黄勇.遮光和增强紫外线辐射对烤烟生长及烟叶品质的影响[D].湖南农业大学,2010.

[47]孙平,顾毓敏,高远,等.自然条件下滤减紫外辐射对烤烟生长及品质的影响[J].云南农业大学学报:自然科学,2011,26(S2):6-13.

[48]李鹏飞,周冀衡,罗华元,等.增强UV-B辐射对烤烟主要香气前体物及化学成分的影响[J].烟草科技,2011,(7):69-75.

[49]曾德骐,李正祥,周红,等.烟草的臭氧处理[J].烟草科技,1981,(3):25-28.

[50]李金军译自美刊《农业研究》,臭氧处理烟草可以减少焦油含量[J].农业研究,1980,28(9):23.

[51]Samuel MA,Miles GP,Ellis BE. Ozone treatment rapidly activates MAP kinase signalling in plants[J]. Plant Journal,2000,22(4):367-376.

[52]利用光辐射和臭氧处理烟草及其制品[J].资源开发与市场,2000,16(6):379.

[53]景延秋,宫长荣,张月华,等.烟草香味物质分析研究进展[J].中国烟草科学,2005,26(2):44-48.

[54]陈赛艳,李友明,雷利荣.Ti(Ⅳ)催化臭氧深度处理造纸法烟草薄片废水[J].华南理工大学学报(自然科学版),2015,(10):131-139.

[55]Schepartz A I,Mottolaa A C,Schlotzhuer W S,et al. Effeot of ozone treatment of tobacco on leaf lipids and smoke PA H:Apilot plant trail[J]. Tobacco Sci-

ence,1995,(25):120-122.

[56]周冀衡,刘国顺.烟草生理与生物化学[M].合肥:中国科学技术大学出版社,1996.

[57]左天觉.烟草生产、生理与生物化学[M].上海:上海远东出版社,1993.

[58]邱承宇.烟叶醇化技术项目的过程管理控制模式研究[D].中国海洋大学,2008.

[59]YCT 159-2002 烟草及烟草制品水溶性糖的测定连续流动法[S].

[60]YCT 160-2002 烟草及烟草制品总植物碱的测定连续流动法[S].

[61]胡皓月,许自成,苏永士,等.影响烟草新植二烯含量因素的研究进展[J].江西农业学报,2010,(1):17-20.

[62]胡志忠,刘远上,肖源,等.烤烟花蕾美拉德反应制备烟用香料的探讨[J].浙江农业科学,2014,(12):1893-1895.

[63]王全,周肇峰,陆建南,等.枸杞多糖的热裂解及其在卷烟中的应用[J].郑州轻工业学院学报(自然科学版),2015,(2):38-41.

[64]谢清桃,王坤波,董颖,等.红茶提取物挥发性成分 GC/MS 分析及在卷烟中的应用[J].广州化工,2012,(23):31-33.

[65]陈飞,许自成,邵惠芳,等.烤烟挥发酸含量的变异及与中性香味物质的关系[J].郑州轻工业学院学报,(自然科学版),2010,(5):49-52.

[66]Agrofoglio L,Suhas E,Farese A,et al. Synthesis of carbocyclic nucleosides[J]. Tetrahedron,1994,50(36):10611-10670.

[67]Geranyl acetone[J]. Food & Cosmetics Toxicology, 1979, 17(Suppl 1):787.

[68]高锦明,张鞍灵.利用植物油脂合成香料[J].香料香精化妆品,1999,(2):16-26.

[69]屈利民,肖更生,吴继军,等.3 种不同发酵方式对荔枝果醋挥发性风味成分的影响[J].中国酿造,2012,(4):106-110.

[70]张秋芳,刘奕平,刘波,等.烟草主要酚类物质研究进展[J].福建农业学报,2006,(2):158-163.

[71]杨晨龙.初烤烟叶叶片化学成分分布规律研究[D].昆明理工大学,2013.

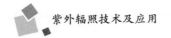紫外辐照技术及应用

[72]Salt S D,Tuzun S,Kuć J. Effects of β-ionone and abscisic acid on the growth of tobacco and resistance to blue mold. Mimicry of effects of stem infection by Peronospora tabacina,Adam[J]. Physiological & Molecular Plant Pathology,1986, 28(2):287-297.